KB127068

소리지르지 않는 엄마의

우아한 육아

Die Schimpf-Diät

소리지르지 않는 엄마의

우아한 육아

린다 실라바, 다니엘라 가이그 지음
김현희 옮김

메가스터디BOOKS

저자의 말

부정적인 감정을 줄이는 육아를 시작하자

"왜 욱하는 육아를 멈춰야 하나요?"

린다와 내가 '욱하는 육아 그만두기' 워크숍을 진행할 때 사람들은 워크숍의 이름에 대한 이유를 자주 물었다. 나는 "엄마니까요"라는 대답을 했다. 나는 엄마로서 새로운 길을 찾고 있었기 때문에 그 이유만으로도 욱하는 육아를 그만두려는 목적은 충분했다.

아이를 갖기 전에는 엄마가 되는 것이 어떤 느낌인지, 그에 따르는 책임이 어느 정도인지 알지 못했지만 아이가 생기자 모든 것이 달라졌다. 아이는 나와 다른 삶을 살게 해주고 싶었다. 아이를 조건 없이 사랑으로 품어주고, 항상 곁에 있어주고 싶었다. 아이가 태어나고 처음 몇 달은 그런 결심대로 육아가 잘 이루어졌다. 그때는 아이가 대부분 자고 있었으니 좋은 엄마가 되기는 쉬웠다. 그러나 아이가 자라면서 좋은 엄마가 되겠다는 내 결심은 난관에 부딪혔다.

둘째아이가 태어나면서부터는 엄마로서 내가 해야 할 일들이 더욱 많아졌다. 내 의지가 아닌 외부 요인에 따라 일상이 정해졌고, 격렬한 변화가 찾아왔다. 큰아이는 자신의 의지대로 말하고 자기 뜻대로 행동하려고 했다. 아이는 그저 자연스럽게 성장하는 중이었지만 나는 너무나 힘들었다. 등 뒤로 벽이 점점 좁혀 오는데 도망갈 곳이 없는 것 같은 기분이었다.

이 시기에 나는 많은 사람들과 육아에 대한 이야기를 나눴다. 그러다 린다를 알게 되었고, 그녀와 나눈 대화를 통해 정말 많은 것을 얻었다. 요란하고 버거운 일상에 시달리느라 무엇이 문제인지 알 수 없을 때면 늘 린다와 대화를 나눴다. 그녀는 내게 자극을 주었고 나는 잃어버렸던 믿음이었던 '좋은 엄마가 되겠다'라는 결심을 다시 할 수 있었다.

린다와 대화를 나누면서 분명해진 사실이 하나 있다. 내가 육아를 하다가 갑갑하다고 느끼면 아이들이 무엇을 필요로 하는지 전혀 듣지도 보지도 못하게 된다는 사실이다. 또한 초조해져서 평소보다 더 큰 소리로 욱하는 말을 아이들에게 쏟아냈다. '아이들이 하는 말을 제대로 듣고 싶어서' 욱하는 육아를 그만두는 방법에 대해 책을 쓴 또 다른 이유다.

처음 엄마가 되었을 때는 나 자신, 내 걱정, 내가 받는 일상적인 스트레스와 내가 해야 하는 많은 일들에 열중할수록 일상이 더욱 시끄러워진다는 것을 받아들이기 어려웠다. 하지만 점차 나는 아이들을 평가하는 대신 더 잘 듣고 더 많이 듣기로 생각을 바꿨다. 엄마인 내가 아이들이 하는 말을 주의 깊게, 평가에 얽매이지 않고, 조건 없이 들어주어야 한다고 생각했기 때문이다. 그런 생각은 내가 조금 더 앞으로 나아가는 데 도움이 되었다.

물론 결심한 대로만 육아가 되는 법은 아니다. 내가 마지막으로

버럭 화를 냈을 때 큰아이가 “내 생각에 엄마는 엄마가 쓴 책을 다시 한 번 읽는 게 좋을 것 같아요!”라고 했던 말을 생각해보면 더욱 그렇다. 정말이지 맞는 말이다. 항상 좋은 엄마가 되자고 하는 마음을 다잡아야 한다.

이 책은 내가 엄마로서 걸어온 길을 묘사한 것이기도 하다. 배웠던 것, 체험했던 것을 담았다. 그동안 해왔던 익숙한 길을 떠나 새로운 길을 가는 여정은 쉽지 않다. 또 오랫동안 품고 있던 고정관념을 무시하고 가족의 구성원으로서 자기 자신의 위치를 새로 찾는 일도 쉽지 않다. 그래도 스스로를 믿고 이 길을 함께 가준다면 저자로서 매우 기쁠 것이다.

다니엘라 가이그

"엄마에게 아이라는 존재가 어떤 의미인지 말해줄게요"

소리지르지 않고 아이를 키울 수 있는 방법에 대해서 책을 쓰는 중이라고 말하자 막내아들이 "나도 도와줄 수 있어요! 제가 엄마한테 아이라는 존재가 어떤 건지 말해줄 수 있어요"라고 말했다. 이렇게 막내아들도 이 책의 집필에 참여하게 되었는데 아들의 제안은 좋은 생각이었다.

내가 책을 쓰면서 던진 질문에 7살인 막내아들은 예상치 못한 대답을 했고, 미처 생각하지 못했던 질문들을 하기도 했다. 어른들이 왜 그렇게 자주 욱한다고 생각하는지 묻자 아들은 "제가 나빠서요"라고 답했다. 이 말을 듣고 소름이 돋았다. 지금도 아들의 대답을 떠올릴 때마다 소름이 돋는다. 아주 건강하고 똑똑하며, 사랑스러운 아들은 어른들이 화내고 소리지르는 이유가 자신에게 있다고 결론을 내린 것이다. 아이는 자신에게 잘못이 없으면 어른들이 "이건 하지 마. 다른 걸 해", "이건 이렇게, 저렇게 해", "그만 해! 정신 똑바로 차려"라는 말들을 할 이유가 없다고 생각했다. 그러니 자신의 존재 자체가 잘못되었다고 여긴 것이다.

실제로 아이들은 어른들과 함께 보내는 대부분의 시간 동안 욱하는 소리, 부정적인 소리를 듣는다는 연구 결과가 많다. 어른으로서, 부모로서 창피하지 않은가? 물론 우리에게는 아이가 바람직한 인간으로 자라도록 교육할 의무가 있다. 그렇다고 해서 아이에게 욕하는 말을 쏟아내고, 평가하고, 아이의 존엄성을 무시하는 심판관 노릇을 해도 된다는 말일까?

나는 이렇게 아이를 통제하는 대상으로 보는 육아법이 지나치다고 생각한다. 아이가 원하는 것을 무조건 들어주고 부모가 끌려다니며 육아하는 것도 좋은 방법은 아니다. 두 가지 모두 힘겨운 육아법이다. 다른 길이 있을 것이다. 나는 그 길을 찾고자 했고, 그 과정에서 얻은 것들을 공유하고자 한다.

우리는 부모와 아이로 만나서 평생 함께 성장해나갈 수 있다. 그러려면 해야 할 일이 많지만 분명 가능성이 있으며 우리는 새로운 길을 따라 나아갈 수 있다. 그 길을 함께 걸어보자.

린다 실라바

프롤로그

새로운 육아법에 대한 생각

모든 사람이 동등하게 존엄한 세계에 오신 것을 환영합니다

다행스럽게도 지난 수십 년에 걸쳐 '아이들은 태어날 때부터 소중하고 보호할 가치가 있는 존재'로 생각하는 방향으로 육아의 흐름이 많이 바뀌었다. 이 책을 쓰면서 육아를 마음의 관점으로 바라보았다. 아이의 무언가를 바꾸거나 부모가 원하는 대로 아이를 만들기 위해 이끄는 것이 아니라, 사람은 아주 어릴 때부터 다양하고 고유한 존재라는 점을 인정해야 한다.

가족이 되는 것과 육아를 하는 것은 평생에 걸쳐 이뤄지는 삶의 과정이다. 이는 관계를 쌓는 작업이기도 하며, 바로 이런 관계 지향적인 태도를 갖추는 것을 책에서 다루고자 한다. 요한 볼프강 폰 괴테(Johann Wolfgang von Goethe)는 "여기서 나는 인간이며 마땅히 태어난 그대로 인간답게 살 권리가 있다"라고 했다. 이 말을 항상 기억하고 자기 자신과 배우자, 아이들까지 가족 모두에게 해당되는 근본 태도로 삼아야 한다.

우리는 모두 동등한 존엄을 가진 인간이고, 동등한 대우를 받아야 한다. 요컨대 이 책을 통해 말하고자 하는 주제는 '동등한 존엄'이다. 동등한 존엄에 대해 설명하기 위해 이 개념을 정립한 예스퍼 율(Jesper Juul)에 대한 설명을 덧붙인다. 예스퍼 율은 세상의 모든 엄마아빠들에게 '가정에서 동등하게 존엄한 삶'을 기본적인 육아 원칙으로 제시하는 가족심리치료사이자 세계적인 교육자다.

이 책을 쓴 우리는 각각 두 아이를 둔 엄마이며 다니엘라는 딸이 둘 있고, 린다는 아들이 둘 있다. 둘 다 아이들과 남편과 함께 살고 있다. 집이 가까워 패밀리랩워크숍(Familylab Workshop)에서 처음으로 만난 이후 친구가 되었고 많은 일들을 겪으며 책을 쓰는 과정까지 함께 하였다.

각 장에는 패밀리 코칭 전문가로서의 육아 이론과 여러 분야 전문가들의 의견, 육아 전문 블로거로서 그 이론들을 실천하면서 겪은 육아 경험을 수록하였다. 이외에도 설문 조사와 일상에서 육아 지식을 적용하는 실용적인 방법을 말하는 부모들의 경험담도 담았다. 이 책에 나온 방법을 실천하고 다시 들여다보면 어떤 발전을 이뤄냈는지 알 수 있을 것이다.

바나나와 브로콜리 이야기

가정 내에서 이뤄져야 할 동등한 존엄에 대해 조금 더 구체적으로 설명하기 위해 바나나와 브로콜리의 이야기를 예로 들어보겠다. 바나나와 브로콜리가 만나 둘은 사랑에 빠졌다. 브로콜리는 바나나의 관심사가 자신과 비슷하다는 점이 매우 마음에 들었다. 바나나의 꿈이나 계획도 자신과 같았다. 때로 바나나는 브로콜리가 말을 하기도 전에 그녀가 무엇을 생각하는지 알았다. '세상에, 어쩜 나랑 이렇게 똑같지?' 브로콜리는 자신에게 이런 행운이 찾아왔다는 게 믿기지 않았다.

몇 개월이 지나 눈에 낀 콩깍지가 한 꺼풀 벗겨졌다. 브로콜리에게 갑작스러운 깨달음이 찾아왔다. '바나나는 노랗고 길어. 나는 파랗고 머리 모양도 덥수룩한데. 바나나는 오징어와 맥주를 좋아하지. 나는 초밥과 와인을 좋아하는데. 바나나와 나는 너무 달라!' 그리고 둘 사이에 팽팽한 힘겨루기가 시작되었다. 누가 더 중요하고 소중한지, 무엇이 더 예쁘고 건강한지, 또 무엇이 더…. 서로 상대방보다 위에 서려고 했고 급기야 "그놈의 초밥, 그딴 걸 누가 먹어! 당신의 음식 취향은 너무 구려!"라는 말까지 오갔다.

둘의 의견이나 취향, 생각, 꿈 등은 분명히 다르다. 그러나 만약 이 둘이 서로의 다른 점을 참아주는 것이 아니라 각자 다르다는 사실을 인정하고 받아들인다면 오랫동안 함께할 수 있을 것이다. 이런 경우 사랑은 관계에 좋은 밑거름이 되어준다.

브로콜리와 바나나는 서로 다르지만 상대방이 사랑할 가치가 있는 사람이라는 것을 배워야 한다. 관계를 유지하려면 서로를 대할 때 상대방의 눈높이에서 바라봐야 한다는 의미이기도 하다. 상대방 위에 올라서려 하거나 더 중요하고 강하고 두각을 나타내는 사람이 되려고 하지 말고, 힘의 차이 없이 동등하게 말이다.

너는 너 그리고 나는 나다.

이 이야기는 여기서 끝나지 않는다. 브로콜리와 바나나에게 아이가 생겼다. 기쁜 일이다. 브로콜리가 태어날까? 바나나가 태어날까? 혹시 바나나브로콜리거나 브로콜리바나나가 태어날까? 그런데 학교에서 유전론에 대해서 배웠던 것과 어긋나는 '믿기지 않은 일'이 벌어졌다. 당근이 태어난 것이다!

바나나는 아이의 몸통이 자기를 닮았다고 생각했다. 반면 브로콜리는 너덜너덜한 머리 모양이 자기를 꼭 닮았다고 했다. 어쨌든 모두 행복했다. 시간이 지나 당근에게 형제자매가 더 생겼다. 놀랍게도 이번에는 완두콩, 자두, 무가 태어났다.

아이들이 누구든, 어떻게 생겼든 문제가 되지 않는다. 누군가 아기 당근을 브로콜리나 바나나로 만들려고 시도하는 경우에 문제가 생긴다. "너는 브로콜리바나나야! 우리 집에 사는 한 네 이름은 당근이 아니라 브로콜리바나나라고!" 식으로 브로콜리와 바나나가 아기 당근을 윽박지르면 상황은 드라마틱해진다. 나중에 어른이 된 당근이 어느 날 자신은 바나나도 아니고 브로콜리도 아닌, 완전히 다른 존재라는 것을 확신하게 되면 그때도 마찬가지로 드라마틱한 상황이 펼쳐질 것이다.

'아이들은 고유한 몸과 정신을 지닌 완전히 개별적인 존재다'라고 결론을 내리며 이야기를 마치겠다. 아이들은 부모를 보며 배우고 부모와 함께 성장한다. 당신의 일상이 아이에게는 어린 시절이다. 물론 아이들은 부모보다 경험, 특히 사회적 규범에 대한 경험이 부족하기 때문에 부모에게 배워야 한다. 부모가 모범을 보이면서 포기하지 않고 참을성 있게 기다린다면 아이는 얼마든지 배울 수 있다.

육아 전문 심리학자인 나오미 알도트(Naomi Aldort)는 부모의 역할에 대해 다음과 같이 말했다. "내가 부모들에게 전달하고자 하는 가장 중요한 메시지 중 하나는 '아이의 자립심을 보호해야 한다'는 것이다. 그래야 아이는 자신의 내면의 소리를 듣고, 삶을 스스로 형성하고, 자율적으로 결정할 수 있다. 아이가 발달 과정에서 자립심을 키우는 것을 방해받고 불안을 느낀다면 어른이 되었을 때 타인의 인정에 의존하는 사람이 될 수 있다."

아이도 어른과 마찬가지로 개별적인 존재로 대해야 된다는 의미다. 부모와 자식 사이에서도 '너는 너, 나는 나'로 관계를 바라봐야 한다. 상대방을 대할 때 그 사람의 눈높이에 맞춰서 생각하고 말하며, 상대방과 나는 다르다는 것을 인정해야 하듯 말이다. 이런 관계를 '동등한 존엄이 있는 관계'라고 부른다. 우리는 모두 다른 존재다. 다른 권리가 있고, 다른 의무와 책임이 있다. 그리고 우리는 모두 동등하게 존엄하다.

따라서 아이를 대할 때는 편견에 얽매이지 않는 열린 마음으로 대해야 한다. 아이가 어떤 사람인지, 무엇을 느끼고 무엇을 필요로 하는지 살펴봐야 한다. 아이에게서 매일 새로운 면을 발견하자. 아기 당근과 아기 완두콩, 아기 무를 생각해보자. 바나나와 브로콜리처럼 서로 다른 부모에게서 각자 다른 아이들이 나올 거라고 누가 상상이나 했겠는가? 마찬가지로 당신의 아이에게 어떤 놀라운 면이 숨겨져 있을지 누가 알겠는가?

당신의 배우자를 브로콜리나 바나나라고 생각하자. 그리고 당신의 아이들이 당근, 완두콩, 자두, 무처럼 다양하다는 사실에 기뻐하자!

아이를 동등하게 존중하는 태도를 보이면 아이도 기꺼이 부모에게 협조하려고 할 것이다. 반대로 아이를 모욕하거나 무시하면 아이는 협조하지 않을 것이 분명하다. 아이에게는 관심이 필요하다. 여기서 말하는 관심은 활기가 넘치는 '사람과 사람 사이의 접촉'을 의미한다. 요컨대 부모와 아이 사이에서도 '진짜 관계'를 쌓아야 한다는 말이다. 부모가 아이의 태도를 평가하는 순간 이런 관계는 무너진다. 부모가 재판관처럼 굴면 부모와 아이의 관계에서는 힘겨루기가 벌어질 수밖에 없다. 그러면 아이는 맞서 싸우거나 도망칠 것이다.

"당신이 무언가 나쁜 일을 할 생각이 아니라면 힘을 쓸 필요가 없다. 모든 것은 사랑만으로도 충분하다"라는 말이 있다. 같은 생각이다. 부디 당신도 이렇게 사랑으로 충분한 세상에 동참하기를 바란다. 동등한 존엄이 가득한 세상, 뚜렷한 성찰이 있는 세상, 서로를 허용하는 세상, 깨달음이 가득한 세상, 기쁨과 감사가 가득한 세상, 어렵고 오래 걸리지만 함께 길을 가려면 다른 사람들도 매우 중요하다는 것을 인정하는 세상 말이다.

CONTENTS

소리지르는 육아
그만두기
2 단계

소리지르는 육아
그만두기
3 단계

소리지르는 육아
그만두기
4 단계

소리지르는 육아
그만두기
5 단계

소리지르는 육아 그만두기

◆

6단계

아이를 부모의 기대, 소원, 목적, 상상을
실현시키는 대상으로 만들면
아이가 부모에 대해 갖는 믿음의 끈은 훼손된다.

소리지르는 육아 그만두기

1 단계

부모의 욱하는 말과 행동에
상처받는 아이

이 책의 제목을 굳이 《소리지르지 않는 엄마의 우아한 육아》로 정한 이유가 있다. 분명 당신도 아이를 상냥하게만 대할 수 없었을 것이다. 육아를 하면서 아이가 말을 안 듣거나 부모가 철저히 계획해도 예측할 수 없는 결과가 찾아오는 상황은 자주 벌어진다. 욱해서 소리를 지르며 솟구친 화를 쏟아내던 지금까지와는 다른 방식으로 육아하려고 마음먹었거나 당신의 부모님과는 완전히 다른 방식으로 아이를 키우려고 마음먹었어도 생각처럼 순조롭지 않았을 것이다.

그러나 부모라면 누구나 욱해서 아이에게 쏟아내는 말이나 행동을 줄이고 싶은 마음이 있지 않을까? 내가 주최하는 '소리지르는 육아 그만두기' 워크숍에 찾아온 부모들에게 참가 이유를 물었더니 다음과 같이 대답했다.

- "소리지르지 않고 지내는 게 아이와 나, 우리 가족 모두에게 좋으니까요."
- "저희 부모님과는 다르게 아이를 키우고 싶어요."
- "소리지르는 대신 어려운 상황을 해결할 수 있는 다른 방법을 찾고 싶습니다."
- "아이에게 호통치고 욕하고 야단치는 것도 이젠 지쳐요."
- "육아를 하며 느끼는 부정적인 감정을 바꾸고 싶어요."
- "흥분하지 않고 평정심을 유지한 채 아이를 대하려고요."
- "아이가 넘지 말아야 할 경계를 정할 때 아이를 존중하는 조금 더 가치 있는 육아법을 찾고 싶어요."
- "아이와 관계를 돈독히 하고 싶지, 서먹해지고 싶은 게 아니니까요."

위의 답변들을 참고하면 소리를 덜 지르면서 우아하게 아이를 키우려는 의지를 더욱 단단하게 만들고, 아이와의 관계를 편안하게 만드는 육아를 해나가는 데 도움이 될 것이다. 또 지금까지의 육아법을 바꾸려고 결심했지만 어떻게 바꿔야 할지 막연할 때나

- 아이에게 욱하는 말과 행동을 덜 하려는 목적은 무엇인가요?

- 당신의 욱하는 말과 행동에는 어떤 의미가 담겨 있나요?

- 입장을 바꿔서 당신이 그런 말을 들거나 그런 행동을 당했다면 기분이 어떨까요?

- 엄마아빠에게 욱하는 말을 들었을 때 어떤 기분인지 아이에게 직접 물어보고 대답을 적어보세요.

스트레스에 결심이 흔들릴 때 답변들을 봐도 좋다.

예를 들어 설탕 다이어트를 시도한다고 하자. 설탕이 들어간 음식을 덜 먹으려면 가장 먼저 어떤 음식에 얼마만큼의 설탕이 들어 있는지부터 알아야 한다. 그래야 설탕 섭취를 줄일 수 있다. 또 설탕이 몸에 어떤 영향을 주는지 안다면 설탕 섭취를 줄이고자 하는 마음을 더욱 굳건히 다질 수 있다.

마찬가지로 아이에게 욱하는 말과 행동을 줄이려면 먼저 '욱'이 무엇인지 정확히 알아야 한다. 그 안에 어떤 의미가 숨겨져 있고, 아이와의 관계에 어떤 영향을 미치는지 알아야 한다. 그래야 아이에게 상처주지 않는 육아를 할 수 있다. 우리는 앞으로 욱하는 육아를 그만두기 위해 욱은 무엇인지, 아이들에게 욱이 어떤 의미인지 알아가는 단계를 밟아나갈 것이다.

아이에게 욱은 어떤 의미일까?

부모의 욱하는 말과 행동을 대면했을 때 어떤 기분인지 아이들의 입에서 직접 나오는 대답들을 살펴보자. 이를 통해 부모와 아이 사이에서 벌어지는 갈등을 예방할 수 있으리라고 생각한다. 아이들에게 욱은 무엇이라고 생각하는지 물었더니 이렇게 설명했다.

* "쌍시옷 같은 단어나 '이 더러운 놈의 XX' 같은 나쁜 말을 하는 게 욱이에요."
* "하지 말아야 할 일을 저질러서 야단맞는 상황에 나와요."
* "다른 사람이 저한테 화가 나서 "그만 둬!", "하지 마!", "내가 하라는 대로 해, 지금 당장!" 식으로 말하는 거요."
* "아빠가 저한테 큰 소리로 고함을 치는 거예요."
* "엄마가 화난 눈으로 쳐다보고, 화난 목소리로 말하는 거요."
* "얼굴에 바싹 대고 말하면서 몸을 움찔하게 만들고 무서워하게 만드는 거요."
* "제가 잘못해서 벌을 받을 때 나와요."
* "엄마가 저한테 경고를 하고는 '하나 둘 셋' 하며 셋까지 셀 때 욱한 것처럼 보여요."
* "누군가가 저한테 상처주는 게 욱이에요."

욱의 종류는 다양하다. 이를테면 자신이 느끼는 분노를 표출할 때 퍼붓는 악담이나 저주, 상스러운 말투로 표현되는 욱이 있다. 자동차를 운전할 때 불쑥 튀어나오는 불평이나 불만이 여기에 해당한다. 원하는 대로 되지 않을 때, 순간 방심하는 바람에 발을 찧어서 아플 때 불쑥 튀어나오는 "젠장!", "빌어먹을!", "염병할!"과 같은 종류의 욱은 특정 사람을 향한 분노가 아니다.

반면 명백히 사람을 향한 욱도 있다. 직접 관련된 사람을 대상으로 하는 것이다. 이는 사람을 대상으로 하지 않는 욱과 명백한 차이가 있다.

욱하는 말을 듣는 아이의 기분은 어떨까?

엄마나 아빠, 선생님 등 어른들이 욱하는 말을 쏟아낼 때 기분이 어떤지 물었더니 아이들은 다음과 같이 대답하였다.

고통과 슬픔

* "날카롭고 뾰족한 것이 몸을 콕 찌르는 것 같아요."
* "얻어맞은 것처럼 온몸이 얼얼하고 마음이 아파요. 싸한 기분도 들어요."
* "고통스러워요."
* "눈물이 나요."
* "저를 깔보는 것 같아서 화가 나요."
* "신경질이 나요."
* "마음이 안 좋고 슬퍼요."
* "아기처럼 공갈 젖꼭지를 강제로 물고 있는 기분이 들어요."

죄책감과 창피함

- “기분이 나빠요. ‘내가 왜 그랬을까’라고 생각하게 돼요. 하찮은 존재가 된 느낌도 들어요.”
- “무언가 잘못했구나 싶어요.”
- “마음이 불편해요.”
- “내가 창피해요.”
- “이렇게 보잘것없는 나 때문에 벌어진 일이구나 싶어요. 전부 제 잘못 같아요.”
- “그런 말은 바로 잊어버렸으면 좋겠어요. ‘아휴, 하필 왜 지금 걸린 거야’라는 생각도 들고요.”

두려움과 거리감

- “엄마가 더 이상 나를 예뻐해주지 않을 것 같다는 생각이 들어서 눈물이 나요.”
- “욕이 영원히 끝나지 않을 것 같아서 무서워요.”
- “그렇게 소리를 지르니까 가까이 못 가겠어요.”
- “될 수 있으면 멀리 도망치고 싶어요.”

또한 어른들이 욱하는 말을 쏟아내는 것을 듣고 있을 때 어떻게 하고 싶은지도 아이들에게 물어보았다.

* "화가 나요!"
* "할 수만 있다면 한 대 때리고 싶어요! 저한테 하는 것처럼 저도 그 사람을 막 대하고 싶어요."
* "베개를 때리고 싶어요. 밖으로 나가서 멀리 도망가고 싶어요. 화내는 말이 들리는 쪽으로는 안 가고 싶어요."
* "나쁜 말을 들으면 화가 나니까 그 사람을 나보다 작아지게 짓누르고 밟아버리고 싶어요. 그런데 시간이 조금 지나고 나면 화해하고, 다시 잘 지내고 싶어질 것 같아요."
* "시간을 앞으로 돌리거나 빨리 지나가게 만들면 좋겠어요. 침대에 누워서 엉엉 울고 싶어요."
* "'나쁜 말은 그만 해! 나한테 아이디어가 하나 있어. 우리 케이크를 만들자. 예쁘게 만들어보자'라고 말할 거예요."
* "나쁜 말을 하는 건 좋지 않다고 얘기해주고 싶어요."

무슨 이유로 욱하는 말을 들었냐고 생각하는지 물었더니 아이들은 또 이렇게 대답했다.

* "그냥 제가 멍청해서요."
* "하면 안 되는 일을 해서 그랬을 거예요."
* "숙제하는 걸 미뤄서요."

* “제가 동생 물건을 뺏어서요.”
* “아빠 말을 안 들어서요.”
* “제가 나빴으니까요.”
* “무언가 실수를 했으니까요.”
* “엄마가 시킨 일을 제가 제대로 못하기 때문이에요.”
* “어른들이 화가 나서요.”
* “어른들이 자기 기분을 다스리지 못하니까요!”
* “모르겠어요!”

‘그냥 제가 멍청해서요’처럼 마음을 콕 찌르는 대답은 아이들이 생각 없이 불쑥 내뱉은 대답이 아니다. 여러 번 반복해서 질책과 훈계를 듣고, 경고를 받는 등의 경험을 거치며 내린 신랄하고도 논리적인 결론이다. 아이들은 어른들이 욱하고 내뱉는 말을 듣게 된 원인을 자기 자신과 연관 짓는다. 즉, 자신이 부족하고 잘못된 행동을 했으며 무능하기 때문이라고 여기는 것이다.

또 아이들은 어른들의 부정적인 말을 자신에 대한 인신공격으로 받아들인다. 물론 어른도 마찬가지다. 그러나 아이가 받아들이는 정도는 조금 더 심각하다. ‘나한테 무슨 문제가 있는 게 틀림없어. 그게 아니면 엄마가 그렇게 심하게 말을 나한테 할리가 없잖아’라고 생각한다. 이처럼 아이들은 어른들이 쏟아내는 말이나 행동을 유발한 원인을 자신에게서 찾기 때문에 대부분 죄책감을 느낀다.

아이들에게 어른들의 욱하는 말을 피할 수 있는 방법이 뭐라고 생각하느냐고 물었을 때 어떻게 대답했는지도 함께 살펴보자.

* "얌전히 하라는 대로 하면 돼요."
* "하지 말라는 것을 안 해요."
* "엄마가 셋을 세기 전에 재빨리 시키는 대로 하면 안 들을 수 있어요."
* "무언가 할 때마다 해도 되는지 물어봐야 돼요. 그런데 저는 그게 정말 싫어요!"
* "다른 애가 선생님의 주의를 다른 곳으로 돌리면 나쁜 말을 듣는 걸 피할 수 있어요."
* "누가 화내려고 하면 엄마아빠한테 달려가요."
* "얼른 죄송하다고 말하면 기분 나쁜 말을 안 들을 수 있어요."

아이들은 경우에 따라 어른들에게 협조하거나 순응한다. 또는 욱하는 상황을 피해 도망간다. 이외에도 욱하는 말과 행동이 자신에게 쏟아졌을 때 아이들은 어른들의 말을 듣는 시늉을 하고, 자신이 옳다고 여기는 일을 하려고 고집을 부리기도 하며, 그러다가도

- “어른들한테 혼나는 이유는 뭘까?”, “왜 그런 말을 들었어? 이유가 뭐라고 생각해?”라고 아이에게 물어본 뒤 대답을 적어보자. 그러면 아이가 생각하는 어른들의 욱하는 말과 행동의 원인을 조금 더 명확히 파악할 수 있을 것이다. 또 이렇게 적어두면 나중에 아이와 문제가 생길 때마다 다시 읽어보며 문제 상황과 해결책을 되짚어볼 수 있다.

곧바로 다시 잘못했다고 용서를 빌기도 한다. 그러나 초등학생 정도가 되어야 이런 행동들을 할 수 있다. 고집을 부리거나 남의 말을 듣는 시늉을 하는 건 어느 정도 삶의 경험을 쌓고 난 후에야 가능하기 때문이다.

위의 대답들을 살펴보면 아이들은 어른들의 말을 적극적으로 따르는 행동이 무엇을 의미하고 어떤 효과가 있는지 잘 알고 있다. 즉, 아이들도 어른들의 말을 따르는 행동을 하면 욱하는 말을 피하거나 줄일 수 있다는 사실을 파악하고 이용한다는 것이다. 그러니 '아직 어리니까 시간이 지나면 욱했던 말도 금방 잊겠지' 하며 아이에게 화를 쏟아내지 말자. 아이들도 어른들의 말을 다 이해하고 기억한다.

어른들에게 욱은 어떤 의미일까?

보통 초등학생 정도의 나이가 된 아이들은 자신의 감정을 말로 표현하기를 어려워한다. 이런 점을 감안했을 때 앞서 나왔던 아이들의 대답은 매우 인상적이다. 한편 어른들은 욱에 대해 어떻게 생각하는지 궁금해 아이들에게 했던 질문을 똑같이 해보았다. 이에 대한 어른들의 대답을 상세히 나열하면 다음과 같다.

* “목소리가 커지는 게 욱이죠. 그럴 땐 소리를 지르고 호통치고 목소리 톤이 공격적으로 변해요. 욱할 때는 분노가 폭발하면서 충동을 억제할 수 없습니다.”
* “잔소리를 하거나 투덜대고 흉보는 거요.”
* “셋을 셀 때까지만 참겠다는 식으로 압박하는 거요.”
* “저는 욱할 때 아이들에게 ‘벌써’, ‘또’, ‘항상’ 같은 말을 써요. 그렇게 아이들의 행동을 일반화시키고, 아이들을 비난할 때마다 그런 말들을 사용해요. ‘너는 네 물건을 치운 적이 단 한 번도 없어!’처럼요.”
* “아이들에게 ‘그건 잘못됐어’, ‘너한테 문제가 있어’라고 혼내는 것도 욱이에요.”
* “맹자 왈 공자 왈, 어쩌고 저쩌고 하면서 도덕적인 설교를 하는 것도 욱의 일종입니다. ‘다른 애들은 그런 짓 안 하잖아!’, ‘그런 일을 하면 안 돼!’라고 말하죠.”
* “훈계하는 거요. ‘그렇게 행동하는 건 나빠. 너는 그걸 이렇게 해야 돼!’라고 하면서 다음에 무엇을 해야 하는지 지시합니다.”
* “아이를 꾸짖을 때 ‘그거 손대지 말고 그대로 두라고 벌써 여러 번 말했잖아!’ 하면서 욱해요.”
* “저는 욱할 때 탓을 하는 편이에요. ‘너 때문에 지금 이 모양이야!’라고요.”

* “깎아내리며 굴욕감을 줍니다. ‘도대체 얼마나 멍청하면 그럴 수 있어?’라고요.”
* “아이의 생각이나 행동을 낮게 평가하는 것도 욱하는 것이라고 생각해요. ‘커서 뭐가 되려고 그러니!’, ‘너는 그걸 절대 못할걸!’ 식으로요.”
* “비아냥거리는 것도 욱이에요. ‘얼씨구! 웬 공부? 너무 열심히 하지 마셔!’라고 하거나 ‘맨날 컴퓨터 앞에만 앉아 있는데 뭐 하나 제대로 할 수 있겠어?’ 하면서 냉소하기도 해요.”
* “비웃는 거요. ‘아빠가 아주 그냥 퍽이나 기뻐하겠어!’라는 식으로요.”
* “아이에게 ‘내가 하라는 대로 하지 않으면!’ 하면서 위협하듯 말하는 게 욱이라고 생각합니다.”
* “부정적인 평가를 그대로 말하는 것도 욱이에요. ‘또 이 모양이네!’ 하고요.”
* “아이의 감정을 부정하는 것도 있어요. ‘안 그런 척하지 마!’라는 식으로요.”
* “멸시하는 말투로 초라하게 만들고 불쾌한 감정이 들게 하는 것도 욱이에요.”

아이들은 어른들이 사용하는 풍자나 비아냥거림, 공격적이고 냉소적인 표현들은 아직 이해할 수 없다. 아이들은 보고 들은 것을 곧이곧대로 받아들이고 믿는다.

만약 엄마가 "아빠가 퍽이나 좋아하겠다!"라고 비꼬듯 말하면 아이는 그 말을 곧이듣고, 아빠를 기쁘게 해주려고 잘못된 말이나 행동을 반복한다. 아이들은 어른들이 말하는 것을 액면 그대로 받아들이므로 이렇게 반응하는 것은 놀라운 일이 아니다. 아이들은 근본적으로 자신이 사랑하는 존재인 부모를 기쁘게 해주고 싶어하기 때문에 잘못된 행동을 정확히 짚어주지 않고, 비꼬며 반어적으로 말하면 못 알아듣는다.

한편 어른들은 말의 이면에 담긴 의미를 인식하고 이해할 수 있을까? 그렇다고 생각하지만 사실 정신적인 측면에서 어른들도 아이들과 별 차이가 없다. 어른들도 아이들처럼 단순하게 말하고 다른 사람의 말을 단순하게 이해한다.

그렇기 때문에 나는 어른들에게 다른 어른뿐 아니라 아이들과 의사소통을 할 때 풍자, 비아냥거림, 냉소적인 표현을 사용하지 말라고 권한다. 다른 사람에게 자신의 메시지를 제대로 전달하지 못하는 것은 물론이고, 그 말을 하는 스스로도 어쩌면 무의식적으로 이런 표현의 의미를 액면 그대로 믿게 될지도 모르니 말이다.

어른들은 욱하는 말을 어떻게 받아들일까?

어른들도 다른 사람이 화를 쏟아낼 때 자신이 어떤 감정인지 제대로 설명하거나 표현하지 못한다. 대개 어른들은 자신의 기분이나 감정이 어떤지 해석한 다음 말로 표현하는 편이다. 다른 사람에게 욱하는 말을 들었을 때 육체적으로, 정신적으로, 심리적으로 어떠냐는 질문에 어른들은 이렇게 대답했다.

* "무기력하고 속수무책인 기분이 들어요. 상황이 완전히 잘못된 것 같은 느낌이 들어요."
* "모멸감이 들고 움츠러들어요."
* "제가 작고 쓸모없는 존재가 된 듯해요. 가치 없는 존재요. 그러면 눈물이 솟구쳐요."
* "멸시받은 느낌, 굴욕감이 들어요."
* "끔찍합니다."
* "실망스럽고 좌절감이 들어요. 자신감이 없어지고 낙담하게 돼요."
* "기분이 언짢아요. 공격당한 느낌이 들고 상처를 받죠. 어떨 때는 이 상황 자체가 이해되지 않아요. 내가 왜 그런 말을 들어야 하는지 이해하기 어렵기도 하고요. 그래서 과민하게 반

응할 때도 있어요."

- "비난이 합당하다면 바로 제가 잘못했다는 걸 알아차려요. 그런데 보통 합당하지 않죠."
- "움츠러들어요. 충격을 받아서 몸이 굳어버리고, 기분이 가라앉아요."
- "그런 말을 들으면 억울함을 풀고 싶어지죠. 동시에 화가 나면서 감정이 혼란스러워요."

위의 대답들을 보면 욱하는 말, 상처주는 말을 들으면 어른들은 갑자기 어린아이가 된 것처럼 스스로가 작아진다고 느낀다는 사실을 알 수 있다. 물론 '작고 하찮은 존재', '가치 없는 존재'와 같은 표현은 아이들의 대답에는 없었다. 사실 이런 단어는 감정이나 느낌이 아니라, 일종의 가치 평가 또는 해석에 해당한다.

그런데 '가치 없다'라는 개념은 이전 세대에서 사용되었던 개념이다. 이전의 교육 방식에서는 아이들을 반사회적 존재로 간주했으며 가치 있는 완전한 인간이 아니므로 교육이나 훈육을 통해 제대로 이끌어야 비로소 예의 바른 어른이 될 수 있다고 보았다. 교육이나 훈육이라는 말 속에는 아이를 올바른 방향으로 이끌어야 한다는 의미가 내포되어 있다. 즉, 교육이나 훈육이라는 외부의 영향이 없으면 아이는 아무것도 할 수 없는 존재라고 생각했고, 교육이나 훈육 없이는 가치 있는 존재가 될 수 없다고 보았던 것이다. 어떤 면에서는 맞는 말이다.

인간이 문명화되는 과정을 보면 사회적 규범을 만들고 합의해서 사용하기까지 수백 년이 걸렸다. 예를 들어 식사를 할 때는 어떻게 해야 하고, 사회적 언어를 어떻게 사용해야 하고, 존경이나 예의를 표현할 때는 어떤 식으로 해야 하는지 등을 정할 때 오랜 시간이 걸렸다. 그런데 아이들은 이런 규범들을 아주 짧은 시간 내에 배워야 되고 대부분 부모나 주변 어른들을 모방하면서 배운다.

사회적 규범은 타고난 인간의 본능이 아니라 문명의 척도에 따른 것이므로 셀 수 없을 만큼 반복해서 익혀야 한다. 달리 말하자면 어른인 우리는 아이가 사회적 규범을 익힐 때까지 수없이 반복해서 보여주어야 한다는 뜻이기도 하다.

우리가 사회적 규범을 발견하고, 학습하고, 훈련하며 자신의 것으로 만드는 과정 중이라고 가정해보자. 그런데 누군가 모욕감이 들 정도로 욱하는 말을 늘어놓아서 일련의 과정이 중단되어버린다면 어떨까? 우선 욱하는 말을 듣는 대상이 된 스스로에게 실망할 것이고, 그다음에는 어떤 형태로든 부정적인 말에 반응할 것이다. 그런 면에서 사회화되는 과정에 놓인 아이들에게 바람직한 모범 사례를 보여주려면 어른인 부모가 욱하는 모습이나 말, 행동을 하지 않는 것이 무엇보다 중요하다.

"아이로 살아간다는 것은 쉽지 않다. 정말로 어렵다! 아이는 자신이 아닌 어른들의 편의에 맞춰서 잠을 자러 가고 일어난다. 어른들이 원하는 시간에 옷을 입고 식사를 하고 양치를 하며 코를 푼다. 또 아이는 어른들이 자신의 외모, 건강 상태, 옷차림, 미래에 대해 인신공격적인 평가를 하더라도 군소리 없이 들어야 한다. 나는 종종 '아이에게 하듯 어른들을 대한다면 무슨 일이 벌어질까?' 하고 스스로에게 물어보고는 했다."

- 아스트리드 린드그렌(Astrid Lindgren)

욱하는 말, 공격적인 말, 상처주는 말을 들은 어른들은 아이들과 비슷한 반응을 보인다. 어른들의 반응 형태를 정리하면 다음과 같다.

공격

* "나도 모르게 상대방을 도발하거나 화를 내고, 분노를 표현합니다."
* "무언가를 막 때려서 부숴버리고 싶어요."
* "스스로를 방어하고 싶은 욕구가 생겨요."

도망·후퇴

* "도망치고 싶어집니다."
* "어딘가에 숨고 싶어요. 거길 벗어나게 되거나 숨을 수 없으면 상대방을 공격할 거예요."
* "일단 벗어나는 것이 최선!"
* "공중으로 펑 하고 사라져버렸으면 좋겠어요. 아니면 쥐구멍으로 숨어버리고 싶어요."
* "그냥 가만히 있어요. 그럴 때면 어깨가 축 처질 정도로 서글퍼지고 힘이 하나도 없으니까요."

공감해줄 대상 찾기

* "저를 위로해줄 수 있는 사람이 주변에 있었으면 하고 바라게 돼요. 마음 놓고 울고 싶어요."

이는 다른 사람에게 낮게 평가받거나 무시당했을 때 나타나는 자연스러운 반응이다. 위와 같이 크게 세 가지 형태로 나타나는 반응들은 다른 사람과 자신의 관계를 멀어지게 만드는 것처럼 보이지만 한편으로는 다른 사람과 유대 관계를 맺으려는 절망적이며 필사적인 시도이기도 하다.

사람은 자신뿐 아니라 공동체에 가치 있는 존재가 되고 싶어 한다. 우리는 모두 가치 있는 존재로 존중받기를 원하고, 공동체에 연결되고 소속되기를 바란다. 누구든 있는 그대로 존재할 권리가 있고, 있는 그대로의 존재로서 공동체에 소속되는 상태 말이다.

존재와 연결 그리고 그에 따른 소속감을 느끼길 원하는 바람은 기본적인 욕구에 해당된다. 그래서 자신의 존재가 존중받지 못하고 비판받거나 어쩌면 공동체에서 제외될지도 모른다는 압박을 받으면 심각한 곤경에 처했다고 느낀다.

이때 사람들은 세 가지 형태로 반응한다. '공격하기', '도망치거나 뒤로 물러나기', '이해를 바라기'다. 평소 이 세 가지 반응을 유의해 다른 사람들에게 말해야 한다. 특히 어른들을 보며 사회화되는 과정을 배우는 어린아이들에게 말이다.

욱하는 말은 아이에게 어떤 영향을 줄까?

누군가 욱해서 내뱉는 말을 들었을 때 아이들은 고통, 창피함, 죄책감, 두려움, 슬픔, 거리감, 좌절감 등의 감정을 느낀다. 이런 감정은 기쁨이나 사랑과는 달리 아이가 편하게 받아들일 수 없는 감정이다. 아이가 그런 말을 듣고 마음 아파하는 것은 당연하다. 그리고 아이의 존엄성은 상처를 입는다. 생각과 말, 감정에 상처를 받는 것이다.

질책을 받고, 거절을 당하거나 무시를 당했을 때 마음에서 느끼는 고통을 신경학계에서는 '사회적 통증'이라고 부른다. 다른 사람에게 비난받았을 때 뇌의 통각 중추에서 느끼는 통증은 다리가 부러졌을 때의 통증과 비슷한 수준이라고 한다.

아이를 있는 그대로의 모습으로 받아들이지 않고, 올바르지 않고 잘못되었다고 말하는 것은 아이에 대한 부당한 간섭이며 아이의 권리를 침해하는 행동이다. 아이의 존재가 좋은지 나쁜지를 평가하고 판단하고 결정하는 사람이 있다는 의미이기도 하다.

또한 이는 힘의 차이 없이는 불가능한 일이다. 즉, 욱하는 말은 누군가가 위에 서서 아래에 있는 사람에게 일방적으로 내뱉는 말이다. 이때 위에 선 사람은 평가하고 판단할 수 있는 힘, 다시 말해 권력을 갖는다. 어른과 아이의 관계에서 보면 아이는 필연적으로 어른의 힘 아래에 놓이고, 어른의 지배를 받게 된다는 뜻이다.

사람은 누구도 자신의 가치를 인정받지 못하는 일이나 모욕당하고 억압받는 상황을 원치 않는다. 물론 인간관계에서 힘의 차이가 나는 것은 보편적인 현상이지만 사랑을 바탕으로 한 부모와 자식 관계에서 힘의 차이가 드러나는 것은 비정상적인 일이다.

욱하는 말을 들으면 소속되고자 하는 욕구가 위협받기 때문에 상처를 받는다. 내가 제대로 된 인간이 아니라고 느끼면 다시 말해, 정상이 아니라고 느끼면 더 이상 다른 사람들과 함께할 수 없을 것 같다는 기분이 든다. 그렇게 되면 결국 다른 사람들에게서 멀어지고 소외될 것이다.

특히 욱하는 말을 듣는 쪽이 어린아이인 경우 의지하고 의존해야 하는 대상인 부모로부터 거절당했다고 느껴며, 사랑을 박탈당할지도 모른다는 두려움도 더해진다. 이는 아이에게 굉장한 위협이다! 부모의 사랑을 확신하지 못하면 인간관계를 형성하는 능력과 자의식을 세우는 과정에 지대한 어려움을 겪게 된다. 그리고 이러한 어려움은 아이를 평생 따라다닌다.

뇌과학자의 조언

인간의 존엄, 행복과 관련된 연구를 하는 게랄트 휘터(Gerald Hüther) 박사는 "아이를 부모의 기대, 소원, 목적, 상상 또는 조치를 취해야 하는 대상으로 만들면 아이가 부모에 대해 갖는 믿음의 끈이 훼손된다"라고 말했다.

게다가 그런 관계에 놓인 아이는 뇌에서 엄청난 통증을 느낀다고 한다. 성인의 뇌에서도 마찬가지다. 성인 남성이 공동체로부터 멀어지고 제외되었다고 느꼈을 때 컴퓨터로 뇌를 촬영해보았는데 이때 뇌의 특정 영역, 육체적인 통증을 가할 때 작동하는 영역이 활성화되는 것을 확인했다고 한다. 하물며 관계의 폭이 좁고, 자신의 존재를 어른들에게 의존해야 하는 아이들은 어떨까? 자신의 있는 모습 그대로 사랑받지 못한다고 느끼는 아이는 더한 통증을 느낄 것이다. 그리고 이때 아이는 당연히 통증을 떨쳐버리려고 한다. 바로 이 순간 아이는 지금까지 누려왔던 아이다운 발랄함과 근심 걱정이라고는 없던 순진무구함을 잃게 된다.

휘터 박사는 "관계에서 오는 통증을 느끼면 아이들은 대개 부모가 원하는 대로 하려고 하고, 부모가 원하는 모습이 되려고 노력하는 식으로 반응한다"라고 설명했다. 또 "나중에 아이가 자라서 학교를 가고 어른이 되어서도 이런 식으로 부모가 원하는 대로 행동하고, 부모가 원하는 모습이 되려고 한다. 평생 그런 노력을 멈추지 않는다. 그러면 끊임없이 자신의 내면이 아닌 외부에 방향을 설정한 채 살고, 항상 다른 사람들의 평가에 의존하는 사람이 된다"라고 말했다. 이는 나이가 들수록 더욱 심해진다고 한다.

아이가 자신의 뜻을 굽히고 부모에게 순응하면 통증은 사라지지만 근본적으로 이런 방법으로는 아이가 행복해질 수 없다. 외부의 평가에서 벗어나지 못하고 항상 긴장 속에서 살며 스스로에게 만족스러워하는 사람이 아니라, 끊임없이 다른 사람의 마음에 드는 사람이 되려고 노력해야 하기 때문이라고 휘터 박사가 설명을 덧붙였다.

다른 사람들이 자신의 존재를 인정해주지 않는다고 느끼는 아이는 매 순간 자신이 여기 있다는 사실을 증명해 보여야 하는 상황에 놓인다. 따라서 아이가 '부모에게 관심과 사랑을 받으려면 끊임없이 노력해야 한다'라고 느끼지 않도록 키워야 한다. 그렇게 육아하려면 먼저 부모는 똑똑하고, 잘났고, 다재다능한 천재들과 아이를 비교하고 평가하는 것부터 멈춰야 한다.

엄마의 생각

욱하게 만드는 이유를 아이에게서 찾지 마세요

욱은 무엇이고, 욱하는 말이나 행동이 어떻게 아이의 마음을 아프게 하는지는 앞서 제기한 물음과 답변을 통해 여실히 드러났다. 이를 보면 슬프기도 하고 마음에 와닿는 것이 많을 테다.

아이를 무시하고, 욱해서 상처주는 말을 쏟아내고, 질책하고, 어른의 힘을 과시하면서 아이가 가장 기본적으로 느껴야 할 편안함과 스스로에 대해 긍정적인 자아를 세우는 일에 얼마나 나쁜 영향을 주었는지 반성해봐야 한다. 의도적으로 아이에게 욱하고 상처입히는 부모는 없겠지만 부모라면 자신을 되돌아볼 필요가 있다. 습관적으로 아이에게 상처를 주는 말을 하는지 아닌지 자신이 아이를 대하는 태도를 점검해야 한다.

물론 부모인 우리는 매일 아이를 따뜻하게 입히고 배가 부르도록 먹이려고 애쓴다. 그러나 그 와중에 다른 중요한 것들을 잊어버린다. 예를 들어, 아이에게 사용하는 단어의 선택 같은 것 말이다.

육아를 하면서 부모는 의미를 두지 않고 사용하는 말들이 많다. 이를테면 "내가 시키는 대로 해!", "지금 당장!"과 같은 표현들이다. 부모는 아무런 의미 없이 대수롭지 않게 내뱉지만 이런 말을 들은 아이는 위축될 수밖에 없다. 혼자가 된 기분을 느끼며 부모에게서 이해받지 못한다고 여긴다. 나아가 스스로에 대해 '제대로 된 존재'가 아니라는 서글픈 결론을 내리기도 한다.

세계적으로 인정받는 음악가이자 작가, 자유교육 전문가 안드레 슈테른(André Stern)은 "아이는 항상 자신이 환영받는 존재라는 걸 느낄 수 있어야 한다"라고 했다.

그런데 정작 우리는 아이에게 그렇게 말하고 행동하는 부모일까? 아이가 스스로를 가정 내에서 환영받는 존재라고 느끼게 육아하고 있을까?

대부분 그런 생각을 가지고 있더라도 생각과 달리 아이에게 상처주는 말을 퍼붓고, 아이를 평가하고 구속하고 속박하면서 정반대의 감정을 전한다. "그렇게 하지 말라고 맨날 말했지!", "그런 식으로 행동하면 안 돼!", "잘못을 저질러놓고 아닌 척하지 마!"와 같은 질책은 아이의 행동이 부모가 원하는 것과 다르다는 사실을 넌지시 암시한다. 아이의 태도가 적절하지 않으며, 나아가 아이의 존재 자체가 적절하지 않다는 메시지를 주는 것이다.

예로 언급한 말들은 분노 때문에 툭 불거져 나오기도 하고 때로는 느닷없이 튀어나올 수도 있다. 부모가 스스로 생각하기에 자신이 무기력하다고 느끼거나 육아 상황이 너무 힘들고 버거울 때도 나온다.

그러나 분노나 무기력감, 버거움은 아이 때문에 생긴 감정이 아니다. 아이가 없었을 때도 그런 감정은 생길 수 있다. 설령 아이가 유발한 감정이라고 하더라도 아이가 아닌 다른 어른을 상대로 아이에게 하듯 그렇게 말을 툭툭 내뱉을 수 있을지 스스로에게 자문해봐야 한다. 작고 힘없기 때문에, 전적으로 당신에게 의존하고 있는 존재이기 때문에 아이에게 상처입히는 말을 대수롭지 않게 내뱉는 것은 아닐까?

나도 강압적인 부모 아래에서 성장했다. 이제 어른이 되고 엄마가 되었지만 아직도 스트레스를 받으면 내가 자란 환경에서 학습한 행동 패턴을 보이고는 한다. 예를 들어 '끝까지 밀고 나가야 돼. 내가 단호하지 못하고 중간에 그만두면 아이가 잘못을 깨닫지 못할 거야' 식으로 아이와 힘겨루기를 하려 들고 그 싸움에서 아이를 이기려 든다. 좋은 부모가 되겠다는 다짐과는 달리, 내가 내 부모님에게 보고 배운 모습 그대로 육아를 하는 것이다.

인내심을 시험하는 일상의 육아

일상에서 가해지는 부담과 압력을 소화하고 받아들이려면 어른들도 체력이 좋아야 한다. 약속이나 의무, 학교, 회사, 데드라인 등은 일상에서 우리가 해내야 하는 임무다. 비유하자면 우리는 섬세한 톱니바퀴에 속해 있고 각자에게 주어진 역할을 수행해 톱니바퀴가 잘 돌아가게 만드는 임무를 맡은 것이다.

아이가 잘 먹고 잘 자고 친밀함과 편안함을 느끼며, 가족 구성원 모두가 건강하다면 가정이라는 새로운 궤도에 들어선 우리의 삶에 불만이 없을 것이다. 그러나 일상은 항상 기대했던 대로 흘러가지 않는다. 아이가 태어나면 모든 것이 달라진다. 꼬물거리던 갓난아기는 어느덧 움직이기 시작해서 어린아이가 되고 자기 의지를 갖는다. 그러면서 감정 특히 부정적인 감정을 표현할 수 있게 된다. 무엇에든 "싫어", "안 해!"라고 대답하는 시기 말이다.

부모는 이런 변화를 참고 인내해야 한다. 아이는 자신에게 주어진 '발달 과제'를 수행하는 중이다. 그런데 공교롭게도 이 시기는 육아 휴직을 마친 엄마가 다시 직장으로 복귀하는 시기와 딱 들어맞는 경우가 잦다. 갓난아기를 돌보는 과제가 더해진 삶, 어린아이와 함께하는 새로운 삶이 안 그래도 빡빡하던 일상생활에 끼어들어 갑자기 다른 세상이 펼쳐지는 것이다.

이 시기를 흔히 '반항기'라고 부른다. 그러나 사실 이 시기는 갓난아기가 독립적인 인간으로 성장하는 아주 평범한 발달 과정일 뿐이다. 아이는 발달 과정을 직접 겪는 것이고, 우리는 그의 동반자다. 그런데 이 발달 과정에서 부모의 인내심을 잃게 만들고 한계에 부딪히게 해서 육아를 더욱 어렵게 만드는 것이 해내야 하는 임무로 가득찬 일상생활이라는 코르셋이다.

우리는 매일 자신의 한계를 새롭게 발견한다. 어느 부분에서는 더 이상 앞으로 나아갈 수 없다는 사실을 명백히 느낀다. 적어도 나는 그렇게 느꼈고 지금도 마찬가지다. 그럴 땐 "멈춰! 그만!"이라고 외칠 줄 알아야 한다. 한계는 우리가 처한 상황을 있는 그대로 보여줄 뿐이다. 한계에 부딪혔다고 해서 분노를 표현할 이유도 없고, 아이에게 이를 쏟아내야만 하는 이유도 없다.

한계는 사람의 마음을 슬프게 만든다. 이때 '내가 느끼는 기쁨의 원천은 어디인가?', '나를 분노하게 만드는 유발인자, 다시 말해 트리거(Trigger)는 무엇인가?', '나는 어떻게 반응하는가?'를 스스로에게 물어봐야 한다. 육체적·정신적으로 자신이 감당할 수 있는 한계를 아는 것이 중요하다. 그래야 한계 상황이 닥쳐도 아이와 원활하게 의사소통을 하며 욱하지 않는 육아를 할 수 있다.

내가 일상에서 종종 맞닥뜨리는 한계와 문제 상황에 대해 예를 들어보겠다. 나는 아침부터 기분을 망치는 것을 싫어한다. 나는 아침형 인간이 아니다. 매일 아침을 기분 좋게 시작하기가 쉽지 않다.

그래서 전략을 하나 세웠다. 눈을 뜨면 바로 침대에서 일어나지 않고 꼼지락거리는 전략이다. 몇 분간 침대에 누운 채로 온몸의 근육을 바싹 긴장시킨다. 그러고 나서 천천히 긴장을 풀어준다. 팔목과 발목으로 원을 그리며 움직이고 기지개를 힘껏 켜면서 스트레칭을 한다. 그런 다음에야 침대에서 일어나 하루를 시작한다. 이렇게 하면 기분 좋게 하루를 시작할 수 있다.

그런데 하루를 기분 좋게 시작하려고 온갖 준비를 했어도 뜻대로 안 될 때가 있다. 아침부터 누군가와 다투고 큰소리를 쳐야 하는 일이 내 의지와 상관없이 발생하는 것이다. 내가 아침 인사를 건넸는데 상대방이 언짢은 표정으로 대꾸하면 나는 여지없이 와르르 무너지고 만다. 이러면 다시 마음을 추스르고 기운을 차리기까지 상당히 오랜 시간이 걸린다.

이런 날이면 나도 당연히 다른 사람들을 친절하게 대하지 못한다.

내가 아침을 힘들어하는 유형이라는 것을 스스로 알아차리고 이해하기까지 오랜 시간이 걸렸다. 물론 가족들도 이런 유형의 나를 항상 배려하기 쉽지 않았다. 그러나 지치지 않고 가족들에게 끊임없이 이렇게 말했다. "나는 아침에 기분이 좋고 싶어. 좋은 얼굴로 인사를 하면서 하루를 시작하고 싶어. 그런데 너희는 항상 슬프고, 화가 나 있고, 신경질적이고, 피곤한 모습이야. 나는 그런 감정을 없애줄 수도 덜어줄 수도 감당할 수도 없어"라고 말이다.

처음 엄마가 되었을 때는 '아이들을 항상 이해하고 지지해줘야 한다'라고 생각했다. 그러나 생각처럼 언제나 상냥하게만 아이들을 대할 수 없었다. 다시 말하지만 나는 아침형 인간이 아니었고 아침에는 항상 기분이 좋지 않았기 때문이다. 잠에서 막 깨어나 칭얼거리는 아이들을 상냥하게 대하는 게 평소보다 더욱 힘들었고 아침부터 큰소리로 화를 내기 일쑤였다.

그러다 어느 날, 아이들에게 화내는 일을 줄이자고 결심했다. 그래서 아침에 눈을 뜨고 처음 30분 동안은 아예 아무것도 하지 않는 방법을 시도해보았다. 이 방법을 써보니 예전보다 아침 시간에 아이들과 잘 지낼 수 있었다.

아침에 깨어나면 30분 동안 아무것도 하지 않는 것은 오직 나에게만 해당되는 규칙이었는데 걱정과는 달리 의외로 아이들도 엄마 없이 깨어 있는 시간을 잘 견뎌주었다. 단, 내가 아침 30분 동안 아무것도 하지 않는 이유는 절대 아이들 탓이 아니고 나 때문이라는 점을 아이들에게 알려주어야 한다. 이는 매우 중요하다.

거듭 말하지만 내가 예전과는 다른 육아법을 선택하고 새로운 모습의 엄마를 목표로 하는 이유 중 하나는 아이들에게 화내는 육아를 그만두고 싶기 때문이었다. 린다와 대화를 나누면서 내가 아이들에게 욱하는 말을 늘어놓는 이유가 무엇인지 보다 분명해졌다.

나는 매일 아침에 깨어난 후 가라앉은 기분 때문에 생긴 불쾌함을 종종 잘못 해석하여, 아이들에게 화를 쏟아냈던 것이다. 절대 의도해서 그랬던 건 아니다. 그럼에도 아침을 상쾌하게 시작하지 못하는 어려움 때문에 생긴 부정적인 감정이 아이들에게는 질책과 공격으로 전달됐고 아이들을 상처 입혔다.

욱하는 말과 행동을 하면 아이들의 기분을 망칠 뿐 아니라 그 말과 행동을 하는 내 기분도 나빠진다. 그렇게 감정을 터뜨리면 결국 아이들과의 관계가 점점 악화되리란 것은 뻔하다. 감정을 쏟아낼 때는 후련하지만 뒤돌아서면 분명 후회하게 될 것이다. 그러니 아이에게 화를 내려는 순간 잠시 멈춰보자. 욱하는 대신 그 순간을 자신이 아이에게 어떤 영향을 주는지 스스로에게 물어볼 수 있는 기회로 삼자는 의미다. 내가 어떤 상황에서 어떻게 반응하는지, 내가 무엇 때문에 자제력을 잃게 되는지 등 아이에게 욱하는 상황과 원인에 대해 생각해봐야 한다.

나는 가족들과 잘 지내지 못하면 일종의 죄책감이 들고는 한다. 물론 죄책감을 인정하는 것만큼이나 죄책감을 해결하는 것도 어렵다. 하지만 일단 내게 그런 죄책감이 있다는 사실을 알아차리면 그 후에는 적어도 적극적으로 해결해보려는 시도를 할 수 있게 된다.

아이에게 물어보는 것으로 문제를 해결해요

때로는 화를 폭발시킨 도화선을 곧바로 찾아낼 수 있다. 아이와 눈높이를 같이했을 때 문제의 원인을 찾기 가장 쉽다. 바닥에 앉아 아이와 시선을 맞추고 손을 잡는다. 솟아오르는 화를 표출하는 대신 감정을 다독이며 담담하게 “너를 힘들게 만드는 게 뭐야? 엄마가 무엇을 바꾸면 네가 더 잘 지낼 수 있을까?"라고 물어보자.

이렇게 답이 정해지지 않은 열린 질문을 하면 아이의 솔직한 대답을 들을 수 있다. 어떤 때는 아이가 말없이 그냥 서 있기만 하기 때문에 전혀 대답을 듣지 못하기도 한다. 그러나 이렇게 간단한 문장으로, 명확한 말로 물으면 아이는 부모가 자신의 말을 잘 귀담아 들어준다고 느끼고 자신에게 문제 상황을 해결하는 데 적극적으로 참여할 기회가 있다고 느낀다. 아이에게 직접 질문하지 못하는 상황에서는 아주 짧게나마 아이에게 충분히 관심을 기울이고 있다는 신호를 전달해 주면 된다.

우리집에서는 감정적으로 폭발할 것 같은 상황이나 분위기가 험악해질 것 같은 상황에는 우선 하고 있던 일이나 말, 행동을 모두 멈춘다. 그러고는 2~3시간쯤 후에 아까 문제가 되었던 상황에 대해 다시 이야기를 나눈다. 이렇게 약간의 시간을 두고 아이와 이야기를 나누다 보면 아이가 문제로 받아들이는 점이 무엇인지, 왜 그때 그런 말과 행동을 한 것인지 명확하게 알 수 있다.

불에 올려둔 찌개가 눌어붙어 타는 냄새가 나고, 세탁기에서는 경고음이 들리는데 때마침 택배가 왔다고 벨이 울린다면 무엇부터 해결해야 할까? 여러 문제가 한꺼번에 압박하는 상황에서 모든 문제를 한꺼번에 해결하기란 불가능하다. 이럴 때는 일단 정신없이 뛰어다니는 것을 멈추고, 차례대로 할 수 있는 일부터 하나씩 처리하는 것이 능사다. 육아를 할 때도 마찬가지다.

대화로 아이의 세계를 키워주세요

생각하면 할수록 어떻게 아이들을 대할 것인지, 어떤 육아관을 세울 것인지 더욱 명백해진다. 나는 아이들이 하는 말을 제대로 듣고 이해하려고 노력한다. 하지만 아이들은 자신의 생각이나 기분을 정확하게 말로 표현하는 것이 서툴다. 어른들이 구체적으로 질문했을 때에나 겨우 무슨 생각을 하는지, 어떤 기분인지 표현한다.

그래서 평소에 오랜 시간 아이를 관찰하고, 아이가 하는 말을 경청하고, 아이가 스스로 자신의 생각을 털어놓을 수 있는 환경을 만들고, 아이가 자신의 의사를 표현하는 단어를 구체적으로 선택할 수 있도록 도와줘야 한다. 그래야 아이가 주변 환경을 어떻게 인지하는지 부모도 분명히 알 수 있다.

그렇게 밀접한 관찰을 하며 구체적이고 명확한 말로 감정을 표현하는 방법을 알려주는 육아를 하면 점점 아이의 존재는 특별해지고, 우리는 마침내 아이의 단면이 아닌 전체 모습을 인지할 기회를 얻게 된다.

우리 아이들은 어려서부터 말을 참 많이 했다. 우리집에서는 아이들과 정기적으로 긴 대화를 나누는 시간을 따로 가질 정도였다. 매번 그런 것은 아니었지만 가끔 힘겨운 토론 시간이 찾아오기도 했다. 아이들이 말을 하지 않고 침묵하는 순간도 있었기 때문이다.

그런데 침묵시위를 하는 아이 앞에서, 답답해서 속이 터지려는 바로 그 순간에 아이들의 진짜 생각과 감정을 어렴풋이나마 짐작할 수 있었다. 아이가 부모를 어떻게 생각하는지, 다른 아이들을 어떻게 바라보는지, 언제 새로운 친구들을 사귀는지, 도움을 필요로 하는 사람이 보이면 어떻게 행동하는지, 다른 아이가 울고 웃고 화낼 때 어떤 반응을 보이는지 등을 말이다. 말로 표현하지 않는 것도 자신의 의사를 표현하는 한 방법이기 때문이다. 부모가 면밀히 관찰하면 아이들의 말 없는 의사 표현을 잘 읽어낼 수 있다.

어떤 일은 때로 아주 짧은 찰나에 벌어지는 개별적인 일이지만 의외로 아주 오랫동안 영향을 끼친다. 여러 날이 지난 다음에서야 문제가 되어서 원인이 무엇인지 바로 알아차리기 힘들 수도 있다. 그럴 때는 당시 벌어졌던 상황을 아이들과 놀이로 재현하면서 구체적으로 질문을 해보는 것이 좋다. 아이가 어떤 생각을 하는지 알 수 있는 좋은 기회가 된다. 그런 일이 왜 일어났는지, 어쩌다가 상황이 그렇게 되었는지, 어째서 사람들은 각자 다르게 반응하는지에 대해 구체적으로 물어보면 아이의 생각과 감정을 더욱 자세히 파악할 수 있다. 나는 아이들이 역할놀이를 하면서 세상을 바라보는 자신의 시각과 경험에 대해 많은 이야기를 한다는 사실을 깨달았다.

아이들이 보고 듣고 말했던 것들이 모두 한데 어우러져 그들이 바라보고 인지하는 세상이 된다. 아이들은 보고 들은 것을 모방하고 반복하며 자신의 것으로 흡수한다. 아이의 입장에서는 모방과 반복이 세상을 가장 빨리 배울 수 있는 최고의 방법이기 때문이다.

아이에게 자신의 세상은 유일하고 완벽하다. 그리고 아이의 세상이 좋은 모습 그대로 유지되느냐 마느냐는 부모에게 달려 있다. 어른들이 퍼붓는 욱과 훈계는 아이의 세상을 침범하고, 자신만의 특별한 세계관을 키울 귀중한 토대를 어그러뜨린다. 아이에게 욱하고 훈계하는 행동은 아이에게 현재 있는 그대로인 상태가 올바르지 않다고 말하는 셈이다. 다시 말해 아이가 유일하고 완벽하게 여기는 세상이 올바르지 않다고 이야기하는 것이다. 나아가 그 세상을 만들어나가고 있는 아이 자체가 잘못됐다고 암시하는 행동이다.

나는 아이들이 하는 말을 귀 기울여 듣고, 아이들의 시선에서 보고, 늘 아이들에게 정직하려고 노력해왔다. 그러다 보면 굳이 계획하지 않아도 때론 우연히 값진 대화를 나누게 되는 일이 종종 있다. 그러나 내가 휴대폰을 손에 들고 있거나 한창 어떤 일에 몰두하고 있는 중이거나 근심 걱정이 있는 상태라면 어떨까? 당연히 기회가 생기더라도 아이들과 좋은 대화를 나눌 수 없을 것이다.

'부모가 어떻게 해야 아이를 타인에게 공감하고 감정 이입을 잘할 수 있는 인간으로 키울 수 있을까?' 이미 오래 전부터 나는 이러한 물음을 되묻곤 했다. 그리고 내가 내린 결론은 이렇다. "내가 모범을 보인다!"

다시 강조하지만 부모가 아이에게 다른 사람을 어떻게 대해야 할지 모범을 보여야 아이가 부모는 물론이고, 주변의 어른들이나 친구들과 원만한 관계를 이룰 수 있다. 아이에게 욕하는 말이나 행동을 가르치고 싶은 부모는 없을 것이다.

화가 날 때면 아이의 입장에서 스스로를 바라보자. 부모의 일거수일투족을 지켜보는 아이에게 자신이 어떤 모습으로 비춰질지 생각해보면 순간 치솟은 화를 그대로 표출하는 것을 점차 줄일 수 있다고 생각한다. 당장 화를 쏟아내는 게 중요하지 않다는 점을 기억하자. 문제가 생겼을 때 아이의 입장에서 바라보고 아이와 대화로 풀어나가다 보면 어느새 변한 자신의 모습을 발견할지 모른다. 그리고 변한 아이들의 모습에 깜짝 놀랄지도 모른다. 부모가 어떤 모습이냐에 따라 아이도 육아도 달라지기 때문이다.

아이에게는 모든 문제를 해결해주는 부모가 필요 없다.
자신에게 직면한 문제들을 해결하면서 아이는 점점 강해진다.
아이가 넘어지고, 스스로 일어날 수 있도록 격려해주자.

소리지르는 육아 그만두기

2 단계

육아를 하다가
자주 소리지르는 이유

사람들은 자신이 계획한 대로 '어떤 일은 마땅히 어떻게 되어야 한다'라고 여긴다. 특히 부모가 되어 육아를 하면 그런 생각은 더욱 강해진다. 아이에게 '좋은 육아'를 해주려고 하지만 생각과 달리 부모는 종종 아이와의 관계를 망쳐버리는 태도를 보인다.

내가 어릴 때 부모님은 "시키는 대로 안 하면 집에서 쫓아낼 거야!"라는 말을 하고는 했다. 어른들은 이렇게 아이들을 훈육할 때 위협과 두려움을 이용하는 경우가 많다. 사회적 존재인 인간에게 '너는 더 이상 공동체에 속할 수 없고, 함께할 수 없다'라는 말은 심각한 위협이다. 그렇기 때문에 우리는 스스로에게 솔직하고 당당하게 신념을 지키기보다는 공동체에서 소외되지 않기 위해 다른 사람들이 요구하는 대로 협력하는 쪽을 선택한다. 하물며 어른들보다 더 작고 무방비한 아이들은 어떨까? 아이들은 가정이라는 울타리에서 쫓겨나기 무서워 부모의 위협적인 말과 태도에 순응할 수밖에 없다.

독일의 총리였던 헬무트 콜의 아들 발터 콜(Walter Kohl)은 그의 자전적 저서 《사느냐 살아지느냐》에서 "나는 내가 아니었다. 다른 사람에 의해 좌지우지되고, 통제를 받아야 하는 '아직 덜 큰 근심거리'였고, 기능을 수행하는 기계였다. 나는 필사적으로 다른 사람에게 확인받고 인정받으려 했다"라고 고백했다.

일상에서 해야 할 일이 많으면 결국 몸은 지친다. 아울러 마음의 평정을 유지하기도 어렵고 심적으로 흔들릴 수밖에 없다. 그러면 마음이 안정된 상태에서는 절대 하지 않았을 말과 행동을 하게 된다. 흥분한 나머지 스스로에 대한 통제력을 한순간에 잃는 것이다.

자율 결정, 즉 남이 아닌 스스로 무언가를 결정하는 것은 자신의 안녕을 위한 중요 요소 중 하나다. 부모가 일상에서 해야 할 일이 많아 자율 결정을 내리기 힘들어지면 감정을 조절하지 못하게 되고, 아이에게 소리지르며 분노를 표출하고 위협적인 태도를 취하게 된다. 그리고 부모와 아이의 관계가 점점 망가진다.

부모를 위한 육아 비법은 없다

간단하면서도 효과적인 육아 비법, 아이와의 관계를 개선할 수 있는 특별한 방법이 있으면 얼마나 좋을까? 공식을 적용하기만 하면, 주문을 외우고 마법 지팡이를 휘두르기만 하면 육아가 원하는 대로 이루어질 텐데 말이다.

사람은 각기 다르다. 서로 다른 사람들이 한데 어울려 잘 지낸다는 것은 긴장되면서도 흥미로운 일이다. 이때 다양한 성격, 특별한 관심사, 출중한 힘, 독특한 의견, 제각기 다른 욕구 등이 중요한 역할을 한다. 몇 가지 전제 조건이 충족되면 사람들은 서로 달라도 잘 지낼 수 있다. 또한 몇 가지 대안만으로도 꼬인 인간관계를 개선할 수 있다. 예를 들어 '욱하는 대신 행동하기 좋은 일곱 가지 대안'(274쪽, 6단계 참조)을 배우고 일상에 적용하면 욱하는 일 없이 모든 사람과의 관계가 잘 풀릴 것이다.

부모의 경우에는 아이와 원만한 관계를 만드는 과정에서 조금 더 복잡한 요인들이 작용한다. 이를테면 지금까지 부모가 겪어온 인간관계에 대한 경험이나 기대, 가정을 둘러싼 환경, 육체적·심리적·정서적 불안정 등의 요인들이 있다. 그리고 이 요인들은 아이와의 관계를 형성하는 데 많은 영향을 준다.

만약 당신이 평소에 욱하는 말이나 행동으로부터 자유로운 사람이라면 아이와 대화할 수 있는 새로운 방법만 찾으면 된다. 이 경우라면 지금 곧바로 6단계로 넘어가도 좋다. 그러나 평상시에도, 육아를 할 때도 곧잘 욱하는 말이나 행동을 한다면 함께 이 문제에 대해 곰곰이 생각해보도록 하자. 도대체 무엇 때문에 우리가 욱하고 소리지르는지 말이다.

소리지르는 원인은 무엇일까?

지나친 부담감

아이에게 소리지르는 이유로 가장 자주 언급되는 원인 중 하나는 지나친 부담감이다. '언제 부담감을 느끼는가?', '언제 불안감을 느끼는가?', '무기력하다고 느끼는 때는 언제인가?', '그렇게 느끼는 이유는 무엇인가?'에 대한 물음에 부모들은 이렇게 대답했다.

* "회사에서 스트레스를 받을 때나 신경 쓸 게 있어서 민감할 때 불안해요. 시간에 맞춰 집을 나서야 하는데 아이가 늦장부릴 때 소리지르는 편입니다."
* "소아과 진료가 예약되어 있거나 바쁜 아침에 출근할 때처럼 시간적 압박을 받으면 초조해져서 아이에게 화를 내요."

* “이미 벌어진 일의 결과가 너무 복잡해서 수습하기 힘들고 해명해야 할 때 부담감을 느낍니다.”
* “아이들이 동시에 무언가를 요구할 때요. 저희 집에는 5살이 안 된 아이가 셋이나 있는데 각자 원하는 게 달라요. 그런데 아무도 협조해주지 않아서 가장 어린 7개월짜리 아기를 제대로 보살필 수 없을 때 특히 더 힘들어요. 아이들이 동시에 원하는 걸 해달라고 보채고 큰 소리로 울기 시작하면 세상이 무너지기 일보 직전 같아요.”
* “기저귀를 갈고 옷을 입혀야 하는데 2살짜리 아들이 이리저리 도망갈 때 무기력해져요.”
* “아이들에게 몇 번이나 부탁하는데도 제 말을 들어주지 않을 때 정말 지쳐요.”
* “화가 난 아이들이 일부러 물건은 망가뜨리거나 집어던질 때, 큰아이가 동생을 밀치고 때리고 물었을 때 욱해요. 이미 백 번쯤 그러지 말라고 타이르고 설명한 것 같은데 아이가 제 말을 여전히 따르지 않을 때 화가 나죠. 백 한 번째쯤에는 결국 폭발합니다.”
* “밤이 늦었는데도 아이가 자려고 하지 않을 때 힘들어요. 어떻게 해야 할지 모르겠어요.”
* “아이가 위험에 처할 것 같은 상황이면 소리를 지르게 돼요.”

* "두 아이의 욕구를 만족시키고 공평하게 대하려고 아이들 곁에 머무르는 시간을 똑같이 할당해야 할 때 제 몸은 하나인데 둘로 쪼갤 수도 없고… 부담스러워요."
* "11살짜리 아이가 서두르라는 말을 듣는 둥 마는 둥, 세월아 네월아 하며 꾸물댈 때 불안하죠. 게다가 왜 서두를 수 없는지 거짓말까지 늘어놓을 때는 미치겠어요."

육아뿐 아니라 일상 속에서 우리는 다양하면서도 까다로운 요구 사항들을 직면한다. 고도로 문명화된 주변 환경은 화려하고 안락하지만 그런 일상의 수준을 유지하려면 상당히 부담스러운 것도 사실이다. 그렇지만 기억해두어야 할 점이 있다. 부담감으로 평정심을 잃고 욱하는 상황은 스스로를 돌아보고 비판적으로 성찰해볼 필요가 있음을 알리는 아주 중요한 신호라는 점이다.

스트레스

어른들은 많은 역할을 맡는다. 우리는 누군가의 엄마아빠이고, 배우자이며 또 누군가의 아들딸이고 친구다. 누군가의 직원, 이웃, 형제자매, 가족의 매니저이며 때로는 운전 기사 역할도 한다. 우리가 맡은 역할은 지금 나열한 것들 외에도 많다.

역할에는 각각 해내야 하는 임무가 있다. 또 대부분의 사람들은 비교적 높은 수준의 일상생활을 누린다. 자신과 아이들이 앞으로도 계속 수준 높은 삶을 살아갈 수 있도록 부모 대부분은 회사에 다니고 일을 해야 한다는 것을 의미하기도 한다. 게다가 자신이 맡은 역할에 따른 임무를 수행하려고 이미 노력 중인데, 부모가 되면 아이의 기대까지 충족시켜줘야 하는 임무가 추가된다. 부모와 자식 관계를 떠나 근본적으로 다른 사람의 기대를 채우려고 하는 순간 스트레스가 쌓이기 시작한다.

만일 부모인 당신이 경찰 역할을 하려고 한다거나 헬리콥터 맘처럼 아이를 항상 보살피고, 보호하고, 규칙을 정해주고, 질책하는 역할을 하고자 한다면 아이와 힘겨루기를 할 수밖에 없다. '실패'라는 좌절감이 내재된 육아를 하는 중이라고 할 수 있다. 경찰이나 헬리콥터 맘처럼 극단적으로 아이를 과보호하는 역할을 하면 아이와의 관계는 망가진다. 아이에게는 경찰 역할을 하는 부모가 필요 없다! 참으로 좋은 소식이다. 부모인 당신은 처음부터 아예 경찰 역할을 하지 않아도 되고, 아이에게 화내고 짜증내는 말과 행동을 애초에 안 해도 된다.

다시 말하지만 아이에게는 모든 문제를 해결해주는 부모가 필요 없다. 아이는 자신에게 직면한 문제들을 스스로 해결하면서 점점 강해진다. 물론 부모는 아이가 필요로 할 때 항상 그 옆에 있어줄 수 있다. 아이를 격려하고 지지하고 조언을 해주면서 아이가 겪는 인생의 기복을 함께 해주면 된다. 이렇게 아이 곁에 있어주기만 하면 아이는 스스로 이룬 경험을 만끽할 수 있다. 아이에게서 이 같은 기회를 빼앗지 말자. 아이가 넘어지고, 스스로 일어날 수 있도록 격려해주자. 그 과정에서 아이들은 자기 자신과 세상에 대해 배우고 성장한다.

어린아이였던 당신이 걸음마를 배우던 시절에 처음 딱 한 번 발을 내딛은 뒤 "아냐, 나는 못해. 못 걷겠어. 절대 안 될 거야!"라며 더 이상 시도하지 않았으면 당신은 지금도 제대로 걷지 못했을 것이다. 사람은 눈앞에 직면한 도전 과제를 뛰어넘으며 성장한다. 도전 과제에 직면하고, 그 과제에 잇달아 나오는 새로운 과제를 뛰어넘으면서 자란다.

5살짜리 아이가 쓰레기를 버리는 일을 맡겠다고 하면 허락하자. 설거지를 하고 싶다고 하면 해도 된다고 말해주자. 아이는 쓰레기를 버리는 일, 설거지를 하는 일을 긴장감 넘치고 흥미로운 도전 과제라고 여길 것이다. 아이가 제 나이에 맞게 성장하도록 키우고 싶으면 나이에 걸맞은 과제를 주어야 한다. 가능한 앞으로 아이에게 의무가 될 수 있는, 즉 아이가 가족을 위해 기여할 수 있는 의미 있는 과제를 주자. 이런 과제는 아이의 생활 능력, 사회적 능력, 자의식을 강화시킨다. 부모가 아이에게 직면한 과제, 아이에게 주어진 귀찮은 의무, 아이가 가족 공동체에 기여할 수 있는 기회 등 아이의 모든 일을 대신 떠맡아서 해준다면 이는 곧 아이가 자신의 생활 능력, 사회적 능력, 자의식을 강화시키지 못하도록 방해하는 행위나 다름없다.

트라우마

우리 대부분은 어려서부터 사회적 규범과 윗사람들의 말을 따르라고 교육받았다. 그 과정에서 이러저러한 이유로 받은 상처가 있고, 자신을 옭아매고 구속하는 상황이나 행동에 대한 트라우마가 발생한다. 어찌 보면 오늘날 거의 모든 사람이 정신적 쇼크와 상처를 일으키는 트라우마 사회에 살고 있다고 말할 수 있다. 그래서인지 트라우마를 겪는 일쯤은 '보통'이고 '흔한 일'이라고까지 생각하게 된다. 여기서 말하는 보통은 대다수가 그렇게 생각하고, 그렇게 느끼고 또 그렇게 행동한다는 것을 의미한다. 물론 보통에 해당된다는 말이 절대 '좋고 올바르고 건강하고 이성적이다'라는 의미는 아니다.

아이에게 윤리를 설교하면 아이는 윤리를 설교하는 것을 배운다. 아이에게 경고를 하면 아이는 경고하는 것을 배우고, 아이에게 욕하면 아이는 욕을 배우게 된다. 아이를 비웃으면 비웃는 것을 배우고, 아이의 자존심을 상하게 만들고 굴욕감을 주면 아이는 다른 사람의 자존심을 상하게 만들고 굴욕감을 주는 행동을 배운다. 어린 시절에 받은 부정적인 교육이 미치는 영향에 대해 연구했던 스위스의 심리학자 앨리스 밀러(Alice Miller)는 "아이는 그동안 자신이 배운 대로 행동할 대상을 자기 자신과 다른 사람 중에서 고르거나 자신과 다른 사람 모두에게 자신이 배운 대로 행동한다"라고 말했다.

독일에서 심리치료사이자 심리학 교수로 활동하며 트라우마를 중점적으로 연구하는 프란츠 루퍼트(Franz Ruppert)는 인간관계에서 자신이 겪었던 트라우마를 다음과 같이 묘사하였다. "내게도 몸과 마음에 새겨진 트라우마가 있다. 나는 트라우마에 사로잡혀 있으면서도 거기서 느끼는 감정을 떨쳐버리려고 노력했다. 내가 트라우마에 빠진 상태일 때 나타나는 징후들은 많다. 말을 많이 하고, 가만히 있지 못하고 쉴 새 없이 움직이며, 시선을 다른 곳으로 돌리는 식으로 대개 감정보다 몸이 먼저 반응했다. 이를 억누르기 위해 신경 안정제와 같은 약물을 복용하기도 했다. 또는 끊임없이 다른 일에 관심을 쏟아붓고 몰두하면서 생각을 차단하려고 했다. 계속 이런 식으로 하다 보니 나는 줄곧 만성적인 스트레스 상태였다. 종종 잘 버티다가도 어느 시점에 이르면 완전히 무너지고 말았다."

말하자면 우리가 겪은 트라우마에서 기인하는 '보통'이고, '흔하고', '평범한' 만성 스트레스는 결국 탈진을 초래한다는 의미다. 그리고 이런 만성 스트레스는 당신 혼자에게만 영향을 끼치는 게 아니다. 부모의 경우 아이에게 새로운 트라우마를 촉발시킬 수도 있다.

당신이 겪은 트라우마가 소리지르는 육아의 원인일 수 있다. 그리고 욱하는 감정 이면에는 고정관념이 존재한다. 고정관념이란 전에 우리가 들었던 것, 배웠던 것, 해석했던 것이 시간이 흐르며 점차 발전된 생각들이다. 그러다가 자신도 모르게 고정관념을 사실이라고 무의식적으로 단정하고, 고정관념을 믿고 그에 걸맞게 행동한다.

예를 들어 널리 알려진 고정관념 중 "모든 사람을 만족시키는 행동이 좋은 것이다"가 있다. 순응과 조화를 선호하는 사람들, 사랑의 상실이나 공동체에서 소외되는 것을 두려워하는 사람들, 타인과의 갈등을 꺼리는 사람들을 억누르기 위한 멋진 수단이다. '모든 사람을 만족시켜야 돼'라는 생각에 빠지면 자기 자신은 완전히 없어지고 만다. 게다가 다른 사람들과 서로 주고받는 관계가 더 이상 작동하지 않는다. 주기만 하고 받지는 않으니까 말이다. 그러다 결국 고립된다.

이처럼 고정관념에 너무 집착하다 보면 욱하고 소리를 지르게 되고, 결과적으로 자신을 궁지에 몰아넣고 아이에게 새로운 트라우마를 준다. 그러면 아이를 위해 온갖 희생을 하면서 노력하는 육아가 예상과는 완전히 다른, 반대의 결과를 초래한다.

선을 긋는 데 실패함

간혹 우리는 자신에게 주어진 일만으로 충분하지 않은 듯 행동할 때가 있다. 다른 사람의 책임이나 임무를 떠맡는 행동 말이다. 아이들의 일만 떠맡는 게 아니다. 심지어 스스로 자신의 책임과 의무를 다할 수 있는 어른들의 몫까지도 떠맡고는 한다. 당신은 다른 사람들을 위해 얼마나 많은 일을 하는가? 또 그들을 위해 얼마나 많은 생각을 하는가?

다음의 세 가지 질문을 메모지에 적어 부엌이나 거실 등 눈에 잘 보이는 곳에 걸어두자. 그리고 새로운 질문이 떠오를 때마다 질문을 추가한다.

1. 내가 하고 싶은 것을 하는가?
2. 내가 하고 싶지 않은데도 하는 것은 무엇인가?
3. 내가 하고 싶었는데 하지 못하거나 안 하는 것은 무엇인가?

경험에 비추어보면 다른 사람이 넘어오지 말아야 하고 자신도 벗어나지 말아야 할 경계를 정하는 것을 어려워하는 사람들이 있다. 이런 사람들은 자신이 그렇다는 사실조차 오랫동안 알아차리지 못한다. 이들은 다른 사람이 자신의 경계를 침해하는 행동을 허용하고 자신의 경계를 아주 자연스럽게 열어준다. 또 모든 사람을 만족시키고 싶어 한다. 테레사 수녀 같은 존재처럼 자신이라는 존재가 완전히 소멸될 때까지 너무 내어준다.

문제는 다른 사람에게 자신의 것을 내어주는 행동에서 끝나는 게 아니라는 데 있다. 선 긋기에 실패하는 행동을 다른 측면에서 보면 타인의 책임을 빼앗는 것으로도 해석할 수 있다. 게다가 '내가 없으면 너는 아무것도 할 수 없는 사람이야'와 같은 메시지를 은연중 전달하기 때문에 다른 사람을 나약하고 종속적인 존재로 만들기까지 한다. 또 자신의 경계를 허물고 다른 사람의 일까지 떠맡으면서 결국 다른 사람을 나약하고 종속적인 존재로 만드는 행동은 자신을 다른 사람보다 위에 두려는 일종의 수동적 공격 형태의 변형된 행동이라고도 볼 수 있다.

누군가에게 과도한 부탁을 받았을 때 "아니오!"라고 말할 수 있는 능력을 갖춰야 한다. 그리고 "그만! 여기까지! 더 이상은 안 돼!", "나는 그걸 원해", "나는 그걸 원하지 않아", "나는 그게 필요해", "나는 그게 필요 없어"라고 말하자.

넘지 말아야 할 선을 긋는 것, 이는 누구나에게 주어지는 중요한 과제다. 선이 그어져 있어야 타인으로부터 자신을 보호할 수 있다. 넘지 말아야 할 선을 긋는 일이 어렵다고 해서 피하면 안 된다. 반드시 선을 긋는 법을 배워야 한다. 아이들을 위해서라도 그렇게 해야 한다. 그리고 넘지 말아야 할 당신의 선을 아이들에게 명백히 알려주는 육아를 할 필요가 있다. 아이들은 부모의 선과 경계가 어디인지 모르고, 알 때까지 끊임없이 도발할 수도 있으니 부모가 먼저 다른 사람의 선이 어디까지의 범위인지, 선은 어디에 그어져 있는지 알려줘야 한다.

결핍이나 부족

부모들이 육아를 하다가 소리지르는 원인으로 언급한 것 중 하나는 결핍이나 부족이다. 내게 상담을 하러 찾아오는 부모들이 꼽는 결핍이나 부족의 구체적인 예는 다음과 같다.

* "피곤하거나 배가 고플 때, 시간이 부족할 때, 컨디션이 안 좋을 때, 의사소통이 잘 되지 않아서 인내심이 폭발했을 때 소리지르게 됩니다."
* "수면 부족일 때나 일 때문에 스트레스를 받았을 때, 능력의 한계에 부딪혀 문제를 해결하지 못하는 상황일 때 욱하죠."
* "춥고 배가 고프면 침착하기 어려워요."
* "잠을 제대로 못 자면 매우 초조하고 신경질이 납니다. 제가 그러면 덩달아 아이들도 충분히 잠을 못 자고요. 그래서 저는 더 참아야 하고, 더 아이들에게 관심을 기울여야 하죠."
* "밤에 너무 피곤하고 힘이 하나도 없을 때, 아이들 때문에 초

조할 때 욱해요. 오전부터 점심까지는 잘 해내지만 오후부터 저녁까지 버티기가 점점 힘들어지네요."

당신에게 무언가 부족한 상황이면 다른 사람에게는 아무것도 내어줄 수 없다. 그런데도 누군가가 계속해서 보채고 요구하면 감정이 흔들리기 마련이다. 신경은 날카로워지고 공격적으로 변한다. 이는 아주 자연스러운 반응이다. 그리고 무언가 결핍되고 부족한 상태에서 사람들은 욱하고 소리지르게 된다.

구급대원, 소방대원, 그 밖의 다른 분야에서 일하는 보호 및 구조대원들에게는 '남을 보호하기에 앞서 먼저 자신을 보호하라. 당신이 죽으면 다른 사람을 도울 수 없다'라는 기본 원칙이 있다. 이는 아주 논리적이다. 그렇지 않은가?

부모들은 아이를 위해, 심지어 자신이 죽는 한이 있더라도 마지막 남은 것까지 모두 아이에게 주어야 한다고 생각하는 경향이 있다. 이런 생각은 참으로 고결하지만 절대 현명하지 않다. 의도는 좋을지라도 부모가 자신을 망가뜨리면 망가진 부모에게서 아이가 무엇을 얻겠는가? 거의 없다. 아이에게는 아주 잘 지내는 무탈한 부모가 필요하다.

부모가 무사해야 아이도 무사하다

부모라는 역할은 때로 정말로 힘들다. 부모라는 역할을 잘 해내려면 먼저 당신 자신을 잘 보살펴야 한다. 아이를 위해서라도 먼저 스스로를 잘 보살피자.

> "다른 사람에게 주기 전에 당신이 먼저 먹어라. 그것도 세 번! 처음 한 번은 오직 자신을 위해 먹어라. 두 번째는 안 좋은 때를 위해 비축하는 의미로 먹어라. 그리고 세 번째는 당신이 다른 사람에게 줄 힘을 내기 위해 먹어라."
>
> - 속담

다음으로 중요하게 생각해봐야 할 것은 우리가 지닌 에너지의 근원에 대한 생각이다. 자동차를 예로 들어보겠다. 연료 탱크에 기름이 없으면 차가 더 이상 움직이지 않는다. 이런 일이 일어나지 않도록 제때 연료 탱크를 체크했더라면 좋았을 것이다. 그러려면 자동차 연료 탱크에 어떤 종류의 기름이 들어가는지, 기름은 어디에서 살 수 있는지, 주유소는 어디에 있는지 알아봐야 한다. 그런 다음 기름의 종류와 주유할 장소를 어떤 식으로 결합시킬 것인지 생각할 수 있다.

자신의 연료 탱크가 텅 빈 상태가 될 때까지 전혀 알아차리지 못하는 사람이 많다. 놀랍게도 텅 빌 때까지도 아주 오랫동안 능력을 발휘할 수 있기 때문이다. 자동차의 연료가 적다고 해서 자동차가 굴러가는 능력이 곧바로 사라지는 게 아닌 것처럼 말이다. 연료가 아주 조금 남았을 때서야 차가 털털거리기 시작한다. 그러다 순식간에 자동차는 멈춰 선다. 우리 몸도 마찬가지다.

예로 든 자동차 연료 탱크에서 무엇을 배울 수 있을까? 자동차의 연료 탱크를 정기적으로 채워야 한다는 점은 분명하다. 또 계기판에 빨간 불이 깜빡이는 상황이 벌어지지 않도록 수시로 체크하는 것이 좋다. 마찬가지로 에너지가 완전히 고갈되기 전에 자주 자신의 상태를 체크하고, 미리미리 에너지를 충전하는 시간을 가져야 한다.

- 당신의 연료 탱크에는 무엇이 들어가나요? 당신을 강하게 만드는 것은 무엇이고, 영양을 공급하는 것은 무엇인가요?

- 당신에게 에너지를 제공할 주유소는 어디인가요?

- 어떻게 해야 영양이 풍부한 연료를 규칙적으로, 가득 채울 수 있을지 생각해 보세요.

- 이 모든 일이 쉽지 않다면 스스로에게 물어봅시다. 에너지를 충전하지 못하도록 방해하는 것은 누구/무엇인지, 에너지를 충전해주는 것은 누구/무엇인지 적어보세요.

충족되지 못한 기대

원하는 기대가 충족되지 않아도 자주 욱한다. 부모들이 언급하는 충족되지 못한 기대는 정리정돈이나 아이의 학교생활과 관련되어 있는 편이다. 물론 형제자매의 싸움, 아이나 배우자의 배은망덕한 행동 또는 불쾌한 태도와 같이 일상생활과 밀접한 상황에서 벌어지는 문제들도 쉽게 우리의 기대를 꺾어버리고는 한다. 충족되지 못한 기대와 관련해 부모를 소리지르게 만드는 구체적인 요인들은 다음과 같다.

* 여기저기 널려 있는 물건들, 치우지 않아 엉망인 집
* 아이가 꾸물대고, 말을 듣지 않고, 금지 사항을 연거푸 어기고, 날마다 경고해도 하면 안 되는 행동을 할 때
* 아이가 피곤하다고 칭얼거리면서 낮잠을 자려고 하지 않을 때
* 형제자매가 말싸움을 하거나 서로 차고 때리고 깨물며 싸울 때
* 고마움을 모르는 아이의 배은망덕한 태도, 전혀 연관도 없고 맥락도 없는데 툭툭 내뱉는 남편의 불쾌한 말들

당신 이외에 어느 누구도 당신의 기대를 충족시킬 수 없다. 자신의 가치와 생각, 욕구에 따라 살려면 갖춰져야 할 전제 조건이 있다. 스스로 자신의 기대를 실현시킬 방법을 알아야 한다는 것이

조건이다. 또 다른 사람과의 관계를 해치지 않으면서 자신의 경계를 그어야 기대가 좌절되어도 쉽게 욱하지 않는다.

역할에 따른 태도 차이

우리는 자신이 맡은 역할에 따라 행동하는데, 역할은 항상 고정된 것이 아니라 바뀐다. 마치 드라마가 달라질 때마다 배우의 캐릭터가 바뀌는 것처럼 말이다. 일상생활에서도 크게 다르지 않다. 이에 관한 이론을 함께 살펴보자.

드라마 속 등장인물처럼 행동하기

드라마에는 삼각형 구도를 이루는 세 가지 유형의 등장인물이 있다. 가해자, 피해자, 해결사다. 드라마 속의 인물과 자신을 연관 짓는 것은 의외로 쉽다. 예를 들어 당신과 남편, 시어머니를 등장시켜보겠다. 당신은 피해자, 시어머니는 가해자, 남편은 당신과 시어머니 사이에서 잘못된 일을 바로잡는 해결사다. 그런데 드라마에서의 역할은 순식간에 바뀔 수 있다. 갑자기 당신이 가해자가 되고, 남편이 피해자가 된다. 그리고 시어머니가 개입하여 문제를 해결한다! 어지럽고 현기증이 핑 도는 회전목마를 탄 것처럼 일상에서도 우리의 역할은 휙휙 바뀐다.

드라마 속 등장인물들의 역할을 '드라마 삼각형(Drama Triangle)'

이론으로 정리한 심리학자 슈테펜 카프만(Stephen Karpman)은 흥미로운 점이 더 있다고 말했다. 주인공 외에 다른 등장인물이 없어도 드라마가 펼쳐질 수 있다는 점이다. 혼자서도 자신의 내부에서 일어나는 과정을 드라마로 표현할 수 있다. 당신이 가해자였다가 피해자이기도 했다가, 어떨 때는 해결사가 되기도 한다. 상황에 따라 한 사람이 그때그때 다른 역할을 맡기도 하고, 동시에 여러 역할을 맡을 수도 있다는 의미다.

드라마를 그만두는 것은 오직 한 사람, 가해자의 역할에 의해서만 가능하다. 가해자는 드라마를 그만둘 것인지, 계속 진행할 것인지 결정하는 힘을 가졌다. 드라마가 아닌 우리의 진짜 삶에서 가해자는 어떤 모습일까? 무언가 결정하는 힘을 지닌 가해자는 하던 일을 그만둘 수 있다. 다시 말해 선 긋기를 하는 것이다. 일상에서 가해자 역할을 맡은 사람은 자신이 원하지 않는 상황에 대해 "아니오!", "여기까지만!", "더 이상은 안 돼", "그만 멈춰!"라고 말할 수 있다.

한편 피해자는 일상에서 수동적이면서 공격적인 태도를 취한다. 자신의 고통이나 행복까지 다른 사람이 책임져주길 바라고 의존한다. 그러면서 "너는 나한테 그렇게 대하면 안 돼!", "네가 그러면 내가 힘들잖아!"라는 식으로 상대방에게 죄책감을 심어준다.

해결사는 어떨까? "너는 내가 없으면 아무것도 할 수 없는 사람이야!"라거나 "너는 내가 필요해!"와 같은 뜻을 은연중 전달한다. 이런 식으로 해결사는 자기 존재의 타당성을 만들어내고 다른 사람이 스스로 감당할 수 있는 책임과 능력을 빼앗거나 박탈하기도 한다.

드라마가 진행되는 동안은 그 누구도 행복하지 않다. 자신도 다른 사람도 마찬가지다. 도움이 되는 일은 오직 피해자나 해결사의 역할에서 빠져나오는 것, 결정하는 힘을 지닌 가해자처럼 깔끔하게 선을 긋고 거리를 두는 것뿐이다.

아이의 자아를 지녔나, 부모의 자아를 지녔나

미국의 정신의학자인 에릭 번(Eric Berne)이 정립한 교류분석 이론에 따르면 사람은 누구나 문제를 인식하고 해결할 수 있는 능력이 있다고 한다. 왜냐하면 스스로를 책임지고, 자신의 삶을 창조적이며 의식적·구성적으로 만들 능력이 있기 때문이다.

에릭 번은 자아를 크게 세 가지 상태로 나눠 설명한다. 아이의 자아, 어른의 자아, 부모의 자아다. 우리가 만일 아이의 자아를 가졌으면 어린아이처럼 생각하고 말하고 행동한다는 의미다. 만일 다 큰 성인이 아이의 자아에 머물러 있으면 고집스럽고 어린아이처럼 보호가 필요한 사람이라는 뜻이다. 내면에 아이의 자아가 자리잡고 있으면 80세 노인이어도 아이처럼 행동한다.

부모의 자아인 사람은 부모가 아이에게 하듯 다른 사람을 가르치려 들고, 처벌하고, 설교하듯 말한다. 아래의 삼각형으로 자아 상태에 따른 특성을 더욱 자세히 알아보자.

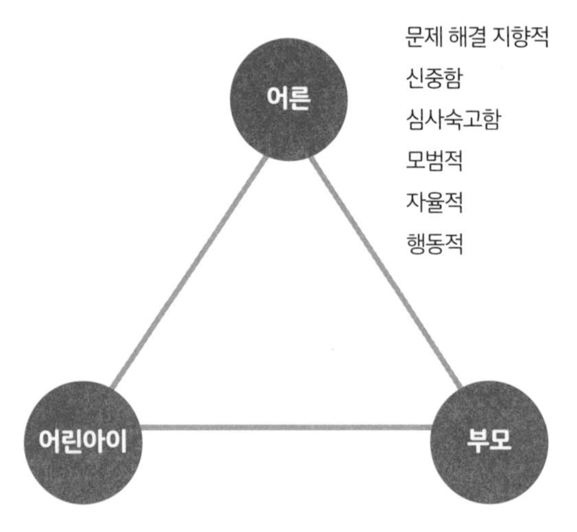

기회가 주어진다면 자신과 주변의 사람들을 관찰해보자. 그리고 아이의 자아와 부모의 자아를 지닌 사람들 사이에서 나타나는 대화를 들어보자. 부모의 자아와 아이의 자아를 지닌 사람들의 관계를 차단하고, 심지어 관계를 악화시키는 무언가가 있다는 것을 확인할 수 있을 것이다. 이는 몇 시간, 며칠, 여러 달, 평생 동안 문제를 일으킬 수도 있으며 그 관계에 놓인 사람들의 마음을 불편하게 만든다. 둘 사이의 전형적인 대화를 예를 들어보면 다음의 표와 같다.

아이의 자아	부모의 자아
저는 그것을 하고 싶지 않아요.	그런 척하지 마!
저를 좀 내버려두세요. 저는 그걸 하고 싶지 않아요.	참아, 이게 다 너 잘되라고 하는 거야.
저한테 너무 심하잖아요!	어쩜 그렇게 비이성적이고 생각이 없는지 이해할 수 없어.
저는 당신이 싫어요!	나한테 그렇게 말할 거면 더 이상 아무것도 기대하지 마!
절대로 그런 일을 안 할 거예요!	모든 것을 줬는데 고마운 기색이라곤 전혀 없네!

대화는 마치 탁구를 치듯 오간다. 여기서도 해결책은 어른으로서 지니는 '힘'을 사용하는 것뿐이다. 다시 말해, 어른의 자아를 지

닌 사람이 되라는 뜻이다. 어른의 자아를 가졌다는 의미는 오늘, 지금, 여기에서 어떤 문제가 발생했을 때 여러 측면을 고려하고 심사숙고할 수 있는 힘을 가졌다는 말과 같다. 또 이성과 감정을 고루 헤아려 문제 상황을 어떻게 다뤄야 할지 결정할 수 있다는 의미다.

우리는 벌어진 상황에 대해 스스로 책임을 질 수 있을 때서야 비로소 다시 퇴행적인 어린아이의 역할로 돌아가는 일을 막을 수 있다. 위압적이고 관계를 파괴하는 양육 태도로 아이를 대하는 것도 그만두게 된다. 이런 의미에서 오늘부터라도 당신이 아이에게 욱하는 원인이 무엇인지 찾는 걸 멈추지 말라고 용기를 북돋아주고 싶다.

욱이 어른들에게 미치는 영향

이제는 욱하는 말과 행동이 어른들에게 어떤 영향을 주는지 살펴보고자 한다. 이 질문에 대한 어른들의 대답은 다음과 같았다.

* "제가 욱하면 쌓여 있던 에너지, 공격적인 에너지가 순식간에 밖으로 쏟아져 나오면서 가슴 속이 비워지는 것 같습니다."

* "걱정이 사라지고 안도감이 들어요. 그런 다음에는 양심의 가책이 느껴지고요."
* "솔직히 욱한다고 해서 기분이 좋지는 않아요. 감정을 통제하지 못했으니까요. 의도해서 욱한 게 아니에요. 그런데 뾰족한 방법이 없어요. 그냥 그렇게 밖으로 감정을 표출할 수밖에 없어요."
* "욱하고 나면 더욱 화가 나고 스스로에게 실망스러워요. 감정이 혼란스러운 상태가 됩니다."
* "힘과 에너지가 소모되죠. 욱한다고 근본적으로 상황이 개선되지는 않아요. 대개 즉흥적으로 욱이 나와요. 욱하는 것을 막는 대안이 떠오르지 않아요."
* "쌓였던 감정을 단숨에 터뜨리기 때문에 단기적으로 볼 때는 마음이 한결 가벼워져요. 그런데 욱했을 때 저의 목소리 톤이나 말, 행동이 적절하지 않았다는 것을 스스로도 알기 때문에 기분이 상당히 안 좋아지죠."
* "편안하지 않고 슬퍼요. 욱할 때는 몰랐는데 나중에 그걸 깨닫게 돼요."
* "좌절감이 들어요."
* "욱하지 않아도 좋았을 거라는 생각이 뒤늦게 들어요. 감정이나 생각을 욱하지 않고도 표현할 수 있었을 텐데 말이죠."

욱한 뒤 양심의 가책을 느끼는 것은 당신의 내면에 망가진 무언가가 있다는 의미다. 또는 당신이 되고자 했던 엄마아빠의 모습과 달랐다는 것을 분명히 나타내는 표시이기도 하다. 즉, 본래 당신이 원하던 바가 아니었기 때문에 욱하는 것이고, 당신이 쏟아냈던 욱은 여과되지 않은 감정이라는 뜻이기도 하다. 욱할 때는 당신 내면에서 부모의 자아가 발언권을 갖고 말한다. 그리고 이때 우리의 뇌는 '파충류의 뇌'가 되어버린다.

파충류의 뇌 잠재우기

전혀 여과되지 않은 생각을 날것 그대로 말하고, 의도치 않은 행동을 할 때가 있다. 그리고 대부분 이런 말과 행동이 다른 사람에게 상처를 준다는 사실을 뒤늦게 깨닫고 후회한다.

우리의 뇌에는 본능과 생존에 관여하는 부분이 있는데 이를 '파충류의 뇌' 또는 '뇌간'이라고 부른다. 진화적 관점에서 볼 때 뇌에서 가장 오래된 부분이다. 모든 기억, 살면서 겪은 모든 경험이 뇌간에 저장된다. 무조건 기억이 남는 것은 아니지만 엄마의 배 속에서 겪은 경험들도 뇌간에 저장된다. 이곳은 시간의 흐름에 대한 감각이 없고, 시력과 직접적인 연관도 없다.

종종 무언가 불현듯 기억이 나거나 스트레스를 받는 상황에 처하면 대뇌 변연계 시스템에 시동이 걸린다. 그리고 그 시스템 안에

- 다른 사람에게 욱할 때 당신의 기분은 어떤가요?

- 어떤 상황에서 다른 사람의 욱하는 말을 듣나요? 왜 욱하는 말을 듣는다고 생각하나요?

- 당신은 어떤 상황에서 욱하고, 왜 욱하나요?

서 감정들이 반응한다. 이때는 대부분 어린아이처럼 반응하거나 스스로를 보호하려는 방어적인 태도를 취한다. 히스테릭한 웃음이나 격렬한 행동, 바쁜 아침에 엄마가 "지금 당장!", "빨리 빨리!"라며 재촉하는 표현이 튀어나올 수 있다. 어쩌면 어린 시절부터 익히 보고 들은 '수동적 방어 방식'이 나타나기도 한다. 수동적 방어 태도를 취하는 단계에서는 "어머, 내가 지금 우리 엄마처럼 말했네! 절대 그렇게 하고 싶지 않았는데"라는 말이 나온다. 또는 자기 옆에 또 다른 자신이 있다는 듯 "내가 지금 뭘 하는 거지?"라며 혼잣말을 하기도 한다.

그다음 행동 단계는 응급 반응이다. 비상경보가 발동되듯 혼란스러움이 찾아온다. 뇌는 볼 수도 없고 시간 제약도 받지 않아 지금이 2020년인지 1980년인지, 앞에 있는 사람이 아빠인지 남편인지, 아이가 곁에 있는지 없는지도 구분하지 못한다. 때로는 이미 겪었던 상황에서 반응했던 행동이나 두려움 때문에 억눌려왔던 감정들이 튀어나온다.

위급한 상황에 처할 때 파충류는 어떻게 반응할까? 첫 번째 반응은 공격이다. 두 번째 반응은 도망이다. 만일 공격과 도망이 모두 불가능하다고 판단되면 파충류는 죽은 척을 한다. 우리의 뇌도 파충류와 비슷하게 반응한다. 이성적으로 행동하는 것이 불가능하다고 판단되면 뇌는 위급 상황 프로그램을 가동시킨다.

이런 일을 막으려면 언제 위급한 상황이 시작되는지 알아야 한다. 그래야 상황이 악화되는 것을 중단시킬 수 있다. 그럴 때는 입 밖으로 "그만!"이라고 말해보자. 숨을 깊게 들이마시고 깊게 내쉬는 것도 도움이 된다. 자신의 감각을 다스리고 통제할 수 있는 주인이 되면 그제야 비로소 파충류의 뇌에서 벗어나고, 아이처럼 말하고 행동하는 것을 그만둘 수 있다. 그리고 어른답게 상황을 다룰 수 있게 될 것이다.

당신이 믿는 것이 당신을 더 좋은 사람으로 만들지 않는다.
당신의 행동이 당신을 좋은 사람으로 만든다.

엄마의 생각

부모가 원하는 것과 아이가 원하는 것은 달라요

우리는 왜 그렇게 자주 욱할까? 나는 이 물음에 대해 많은 생각을 하였고, 몇 개월 동안 린다와 대화를 나누었다. 그리고 그동안 해온 생각과 대화를 바탕으로 나는 뚜렷한 목표 의식을 갖고 덜 욱하는 육아법을 찾기로 결정했다. 내가 아이들에게 큰소리로 툭 던지듯이 내뱉는 말들을 가급적 줄일 수 있는 육아법을 원했다. 그러려면 아이들과 값진 대화를 나눌 수 있도록 항상 열린 자세를 취하고 있어야 한다. 그리고 아이들이 중요하게 여기는 것은 무엇이고, 무엇을 원하는지 귀담아듣고 이해하는 태도를 취해야 한다.

엄마의 기대는 아이들의 기대가 아니에요

나는 나만의 규칙이 굉장히 많다. 기대도 높고 완벽주의 성향도 있다. 이렇게 살아오면서 '무엇이 어떤 상태여야 하는지 나는 잘 알고 있다'라고 믿었다. 높은 기대를 바라는 것과 완벽해지려고 애쓰는 행동은 내 어린 시절과 지금까지의 경험 때문에 시작됐다. 또한 성찰을 통해 무언가를 깨닫고, 어떤 일이 잘못되었다고 밝혀질 때서야 비로소 그 일에 집착하는 행동을 그만두는 패턴 역시 높은 기대와 완벽주의 성향을 강화시켰다.

'내가 가진 기준으로 다른 사람을 판단하지 말아야 한다', '내 기대를 다른 사람에게 덧씌우지 말아야 한다'라는 사실을 깨닫기까지 오랜 세월이 걸렸다. 당시 나는 어떤 상황을 맞이할 때마다 단호하게 '내 삶은 이런 방식으로 진행되어야 한다'라는 전제를 했다. 그래서인지 아이들에게 이렇게 저렇게 하라고 지시하는 것도 아주 당연할 일이었다. 아이들에게 "지금 멈춰", "지금 이쪽으로 와", "지금 모든 것을 그대로 둬"라고 요구했었다.

사실 아이들이 원하는 일을 하는 데 걸리는 시간은 겨우 2~3분에 불과했다. 고작 몇 분 정도는 시간 단위로 일을 계획할 때 언급할 가치도 없다. 그럼에도 '시간에 쫓기고 있다'라는 생각은 매번 일상에 찾아오는 장애물이었다. 내가 느끼는 시간의 압박, 일정 때문에 받는 스트레스에 의한 부담감은 고스란히 아이들에게 전해졌다. 아이들은 무엇을 하고 있든 방금 하던 일을 그대로 둔 채 멈춰야만 했다.

나는 "빨리 가야 돼", "충분히 놀았잖아", "이제 숙제해야 되니까 그만 놀아" 등의 이유로 한창 놀고 있던 아이들을 멈추게 만들었다. 이런 상황에 직면했을 때 기질 차이는 있지만 대부분의 아이들은 부모의 지시를 무시하거나 저항한다. 아이들이 그렇게 반응하는 것은 당연하다. 왜냐하면 아이에게는 지금 자신이 열중하고 있는 놀이와 과제가 무엇보다도 중요하기 때문이다. 이런 당연한 사실을 어린이집에 있는 딸을 데리러 갔을 때서야 깨달았다.

나는 항상 오후 3시가 되면 어린이집으로 아이를 데리러 갔다. 어떤 날은 아이가 나를 기다리고 있었고, 또 어떤 날은 한창 재밌게 놀고 있는 중이었다. 아이가 놀이에 집중하고 있을 때는 내가 어린이집에 도착했다고 선생님이 말해줘도 아랑곳하지 않고, 집에 가려고 하지 않았다. 처음에는 그런 상황이 무척이나 당황스러웠다. 신경도 예민해졌다. 지루했고 배도 고팠다. 퇴근하고 난 이후라서 피곤하기까지 했다. 사실대로 이야기하자면 아이를 기다릴 시간 아니, 아이를 기다리고 싶은 마음이 없었다. "이리 와!", "가야 돼!", "빨리!" 하며 아이를 재촉했다.

그러다 문득 '아이도 자신이 시작한 놀이를 끝내야지. 스스로 중요하다고 여기는 일을 마쳐야 돼. 시간이 얼마나 오래 걸리든 놀이를 마치는 결정은 아이가 스스로 내려야 돼'라는 생각이 들었다. 그제야 놀랍게도 내가 원하는 것과 아이가 원하는 것이 다르다는 사실을 이해할 수 있었다.

최근에는 아이에게 지금 무엇을 하는지, 그것을 계속하고 싶은지, 언제까지 하고 싶은지 먼저 묻는다. 때때로 아이는 이렇게 물어봐주는 것만으로도 만족한다. 왜냐하면 아이에게 선택권을 주기 때문이다. 그러면 아이는 읽던 책을 내려놓고 다음 날 다시 읽겠다며 책을 책꽂이는 꽂는다. 어떤 날에는 몇 분간 퍼즐을 맞추거나 잠깐 동안 어제 그만뒀던 블록 쌓기를 다시 하거나 시소를 타기도 한다.

우리는 지레짐작해서 '아이는 내가 데리러 오기만을 기다릴거야'라고 생각하는 건 아닐까? '정확히 3시가 되었고, 데리러 오기로 약속했으니까 내가 지금 데리러 오기만을 기다릴 거야'라며 아이가 부모 이외에 다른 것은 아무것도 기대하지 않을 거라고 생각하는 것은 아닐까?

어쨌든 나는 오랫동안 그렇게 생각했다. 이런 예상이 벗어날 경우, 그날의 기분에 따라 실망하기도 했고 신경이 예민해지기도 했다. "안 돼, 이리 와! 지금 집에 가야 된다고!" 소리를 치면서 말이다. 나뿐 아니라 3시에 어린이집에 온 다른 부모들도 이런 말을 자주 했다.

아이가 놀이를 끝내거나 적어도 끝내고 싶을 때까지 충분히 시간을 보내도록 내버려둔 이후로는 상황이 나아졌다. 그리고 집에 돌아온 이후에는 비교적 평온하게 시간이 흘렀다. 덕분에 나는 시간에 쫓기듯 3시까지는 꼭 딸아이를 데리러 어린이집에 가야 한다고 서두르지 않아도 되었고, 어린이집에 가면 어떤 날에는 아이가 기쁘게 달려나왔다. 왜냐하면 방금 하던 놀이를 마치고 쉬던 참이었고, 다른 놀이를 아직 시작하지 않았기 때문에 엄마가 반가웠기 때문이다.

'내가 말한 것을 아이가 따르게 만들려면 어떻게 해야 할까?'라는 생각 대신 '아이의 욕구를 내가 어떻게 충족시켜줄 수 있을까?'라는 시각으로 상황을 바라보자. 이렇게 문제를 보는 관점을 바꾸면 아이와의 관계 개선에 큰 도움이 된다. 문제 상황에 직면했을 때 아이의 욕구에 무게를 두면 부모의 행동 방식도 바뀔 수 있다.

내 딸의 경우 무엇을 원하는지 분명하다. 아이는 그림을 그리며 노는 것을 시작했으면 완성될 때까지 하고 싶어 한다. 입장을 바꿔서 생각해보면 나도 그렇다. 만약 내가 한창 무언가를 하고 있는데, 누가 나를 부른다고 해서 하던 것을 중간에 멈추고 싶지는 않을 것 같다. 내가 다른 일에 신경을 쓸 준비가 되어 있을 때까지는 적어도 한 단계 더 작업하거나 시작했던 작업을 전부 마치고 싶어 할 것이다.

다시 한 번 분명히 해야 할 점이 있다. 당신의 일정은 당신에게만 해당되는 계획이라는 점이다. 부모는 아이의 계획에 관여하면 안 된다. 아이가 방금 하던 일은 아이의 계획에 속해 있다. 예를 들어 음악 수업이나 무용 수업 같은 일정을 아이가 좋아하고 중요하게 생각한다면 그것은 아이가 생각했을 때 자신의 계획에 들어가 있는 일정이다. 그래서 아이는 그 일정이 있다는 것을 인지하고 곧바로 음악 학원이나 무용 학원에 갈 준비를 마칠 것이다. 엄마가 재촉하는데도 아이가 꾸물거린다면 그 일정은 아이에게 중요한 계획이 아니라는 의미이기도 하다.

만약 당신이 중요한 일정 때문에 시간적으로 여유롭게 대처할 수 없을 때는 어떻게 하면 좋을까? 이때 유용한 방법을 소개한다. 아이에게 그 일정을 전날 미리 알리는 것이다. 그리고 왜 서둘러야 할 만큼 급한 일인지 솔직하게 말해주자. 준비를 함께 해보는 것도 좋다. 예를 들어, 전날 밤에 내일 입을 옷을 함께 준비하는 식으로 말이다. 아이가 그 일정을 진지하게 받아들이면 아이도 꼭 해야만 하는 일이라고 생각해 자발적으로 협조해줄 것이다.

아이의 감정과 행동이 중요하다는 사실을 인정하는 것은 아이에게 '그래도 괜찮아'라는 안도감을 준다. '내가 가고 싶지 않으면 안 가도 괜찮아', '내가 원하면 계속하고 싶다고 말해도 괜찮아'라는 생각을 할 수 있게 해줌으로써 나는 확실히 아이와의 관계를 원만히 하는 목표에 한 걸음 더 나아갈 수 있었다.

부모의 기대는 어떤 일이나 상황에 직면했을 때 아이의 눈높이에서 바라보는 것을 방해한다. 나뿐 아니라 다른 부모도 마찬가지다. 아이는 항상 옳다는 점을 기억하고 아이의 입장에서 생각하는 부모가 되자.

"아이의 행동과 결정은 옳다. 아이가 그렇게 행동하고 결정하는 데는 항상 반박할 수 없는 타당한 이유가 있기 때문이다. 충족되지 못한 욕구 때문일 수 있고, 자신을 알아봐줬으면 하는 생각에서 비롯되는 것일 수도 있다. 만일 아이가 원하는 것이 전부 이루어지면 아이의 문제 행동과 원인도 사라진다."

- 나오미 알도트(Naomi Aldort)

"내 말 안 들려?"라고 말하는 건 그만!

예전에는 이 말을 아이에게 굉장히 자주 했었다. 그랬을 때 딸은 항상 "아니. 다 들었어, 엄마!"라고 대답했다. 나는 분명히 아이가 내 말을 들었고 대부분 이해했다고 확신했지만 아이는 내가 원했던 행동을 하지 않았다. 도대체 왜 그랬을까? 결론부터 말하자면 문제는 아이가 아니라 나에게 있었다.

작은아이는 내가 자신에게 바라는 행동을 거의 잘 따라준다. 하지만 항상 내 기대를 충족시켜줄 준비가 되어 있지는 않다. 그것은 당연하다. 부모의 기대에 부응하든 않든, 결정하는 것은 아이의 권리이기 때문이다. 나도 이런 식으로 나의 기대와 다른 사람의 기대를 구분 짓고 내가 원하는 것을 결정하는 일을 반복하면서 나 자신, 내가 인내할 수 있는 한계 지점, 우리 가족의 상태에 대해서 많이 배웠다.

어떤 일이 벌어졌을 때 외부에서 가만히 지켜보기만 하는 건 긴장되고 걱정될 것이다. 그러나 갈등이 벌어졌을 때 몇 걸음 뒤로 물러나 거리를 두고, 한 번쯤 관점을 바꿔보는 것은 상황을 원만하게 해결하는 데 큰 도움이 된다. 부모와 아이의 관계에 있어서는 더더욱 거리를 두고 관점을 바꿔 서로의 기대를 존중해주는 것이 좋다.

지저분한 아이의 방이 문제인가요?

오늘도 "방 좀 깨끗이 치워!", "장난감 정리해!", "물건들이 전부 여기저기에 널려 있잖아!"라고 아이에게 소리를 질렀는지 되돌아보자. '말끔히 치우는 것이 왜 이렇게 어려울까?', '아이가 스스로 청소하는 것을 기대해도 될까?'라는 질문 대신 차라리 '내가 아이에게 원하는 건 뭘까?'라고 스스로에게 물어야 한다. '방이 제대로 정리되어 있나?', '아이가 내 말을 잘 듣나?', '내가 하라는 것을 아이가 따르나?'라고 고민해봤자 지저분한 방이 깨끗해지지 않는다.

해결법은 간단하다. 나는 그럴 때 아이의 방으로 가서 정리를 한다. 아이에게 명령을 하면 상황은 훨씬 더 복잡해진다. 우리가 남편이나 친한 친구, 직장 동료에게 방이나 책상을 깨끗이 치우라고 요청할 때 어떻게 대하는지 생각해보면 목소리 톤이나 말하는 방식이 아이를 대할 때와 상당히 다르다는 것을 알 수 있다. 대부분 아이에게 소리치는 것과 달리 좋게 좋게 요청할 테다.

그러니 아이에게 잔소리하며 방을 치우라고 하는 대신 그냥 아이와 함께 청소해보자. 아이가 혼자 청소를 할 때보다 방이 더욱 쾌적해지고 정리정돈도 잘 될 것이다. 화내고 잔소리하는 것보다 더욱 효과가 좋고 모두에게 이로운 결과를 만들어낼 수 있다.

사실 아이들은 부모를 화나게 만드는 일을 의도적으로 하지 않는다. 아이들은 그저 호기심이 많을 뿐이다. 아이들은 자신의 방식대로 부모에게 협조하려고 한다. 다만, 아이들은 지금 자신의 상황에 완전히 몰두하고 있으며 놀이에 흠뻑 빠져 모든 것을 잊은 것뿐이다. 이런 고도의 집중력은 우리가 회사에서 업무를 수행할 때 장점으로 꼽지 않는가! 그런데 왜 아이가 집중력을 발휘하는 순간에는 이를 긍정해주지 않고 화를 내는지 자문해봐야 한다. 아이가 고분고분 말을 잘 듣기를, 무슨 일을 하다가도 부모의 말 한마디에 재깍 움직이기를 바라기 때문 아닐까?

부모는 자신이 아닌 아이를 먼저 생각해야 하고, 동시에 지금 가장 중요한 일과 과제가 무엇인지에 신경을 써야 하는 입장이다. 이렇게 여러 가지 생각을 한꺼번에 처리해야 하는 상황이 잦으면 부담감을 느끼고 스트레스를 느끼게 된다. 예민해지며 긴장할 수밖에 없다. 또 상황에 대한 불만족과 부족함이 느껴져서 아이들에게 욱하게 되고 질책하면서 "지금 당장 해!"라고 명령하게 된다. 즉, 일상생활에서 부모가 느끼는 부담감과 불만족스러움으로 인한 스트레스를 아이에게 그대로 풀어내는 것이다.

아이에게 화내기 전에 자신의 일상을 조금 더 자세히 들여다보자. 그러면 아이가 아니라 부모 자신에 의해 갈등이 발생하고 있다는 사실이 더욱 분명하게 보일 것이다. 그리고 갈등을 매끄럽고 확실하게 해결할 수 있는 가능성도 더욱 명백히 드러난다.

나는 왜 그렇게 자주 욱하는가?

상당히 오래 전에 나는 린다에게도 이 질문을 했었다. 그러나 기대했던 대답을 듣지는 못했다. 린다는 도리어 "너는 왜 네가 그렇게 자주 욱한다고 생각해?"라고 물었다. 어안이 벙벙했다.

잠시 곰곰이 생각을 하다가 스스로를 관찰하기 시작했다. 내가 어떤 상황에서 어떻게 행동하는지, 또 어떤 상황에서 한계에 부딪히는지 말이다. 관찰 결과, 나는 아이들을 혼낼 때 내가 하고 싶은 말만 쏟아내고, 아이들의 말을 들어줄 생각은 안 한다는 것을 알 수 있었다. 그러고 나서 죄책감을 느낀다는 사실도 깨달았다.

그 이후로는 하루 일과가 모두 끝난 저녁 시간이 되면 아이들과 마주보고 앉아 대화를 나눴다. 아까 벌어진 상황에서 내가 왜 화내고 욱했는지, 그때 나에게 무엇이 중요했는지를 아이들에게 솔직하게 말해주었다. 감정을 폭발시키듯 이야기하지 않고 최대한 담담하게 말했다.

아이들의 반응은 모두가 흥분해서 말싸움을 하던 때와는 완전히 달랐다. 아이들은 너그럽게도 나를 꼭 껴안아줬다. 그런 다음 얼굴에 함박웃음을 띠고서는 아무렇지도 않다는 듯 자연스럽게 다시 원래 하고 있던 놀이에 몰두했다. 솔직히 말해서 아이들의 이런 반응은 무척 놀라웠다. 아이들이 나를 이해해준다는 사실이 기쁘기도 했고 한편으로는 죄책감도 들었다.

어쨌든 이런 경험 덕분에 나는 안 좋았던 상황에서 내가 했던 말과 행동을 되돌아보게 되었다. 나를 거울에 비춰 바라보는 계기를 찾은 것이다. 들끓는 감정을 조절하는 일은 항상 쉽지 않다. 지금도 마찬가지다. 하지만 그때 내가 느낀 감정을 아이들에게 솔직하게 말하고 표현하면 아이들도 불만을 품거나 상처입지 않았다. 오히려 아이들과의 관계가 보다 친밀해진다는 것을 경험했다.

이는 내가 아이들을 통해 스스로를 되돌아볼 기회를 얻고, 또 아이들을 동등한 삶의 동반자로 느꼈던 계기이기도 하다. 우리가 부모로서 아이를 통해 또는 아이와 함께 성장할 수 있다는 점을 깨달으면 잠 못 이루는 밤과 모든 근심 걱정을 잊게 될 것이다.

아이들에게 가이드가 되어주세요

가이드는 안전하게 길을 안내하는 사람이다. 우리에게 공감해주고, 가고자 하는 여정에 이르도록 이끌어준다. 가이드는 방향이 틀렸다고 지적하거나 가르치려고 들지 않는다. 우리가 직접 체험을 통해 배울 수 있도록 안전한 환경을 조성하면서 스스로 경험할 수 있는 기회를 제공한다. 만약 도움을 필요로 하는 상황이 닥치면 가이드는 충분히 시간을 주며 기다려준다. 그리고 가이드는 우리를 존중하고 옆에 서서 지지하고 격려해준다.

나는 내 아이들에게 가이드가 되어주고 싶다. 아이들이 가는 길을 조금이라도 더 함께 걷고 싶고, 언덕과 계단을 뛰어넘는 여정에 함께하고 싶다. 아이들이 가는 길을 미리 살펴봐주고 비탈과 언덕에서 아이들이 필요로 할 때 손을 잡아주고 기댈 수 있도록 옆에 있어주는 것이 부모의 임무다. 아이들에게 명령하고 가야 할 길을 미리 정해주는 부모가 되고 싶지는 않다.

기다리고 듣고 존중해주세요

부모가 옆에서 지켜봐주면 아이들은 자신에게 닥친 도전 과제를 해결할 창조적인 방법을 스스로 찾아낸다. 갈등이나 실망, 이루지 못한 도전 과제 때문에 처음에는 좌절감을 느낄 수도 있다. 그러나 스스로 문제를 해결한 후 참된 기쁨을 느껴보면 아이들은 자신의 생각을 더욱 자유롭게 펼칠 수 있다. 그렇기 때문에 갈등이나 실망, 좌절감도 어느 측면에서는 아이들에게 도움이 된다고 생각한다.

내가 직접 겪었던 일을 공유하고 싶다. 우리는 거실에 앉아 있었다. 나는 글을 쓰고, 아이들은 만들기 놀이를 했다. 스케치북과 색연필, 두루마리 화장지의 빈 심지 몇 개, 풀, 가위를 가지고 무언가를 만들고 있었다.

나는 아이들이 하는 놀이에 참여하지 않았다. 아이들이 무엇을 만들려고 하는지도 몰랐다. 30분 정도 흘렀을 것이다. 갑자기 소리를 지르며 작은아이가 울기 시작했다. "언니가 풀을 다 써버렸잖아. 나도 붙이고 싶었는데!" 그러자 큰아이가 즉시 "아니야, 아까부터 내가 쓰려고 찜해놨단 말이야!" 하며 맞받아쳤다. 그 후 어떻게 되었는지는 아마도 상상할 수 있을 것이다.

이때 내가 정말로 차분할 수 있었던 이유는 물리적으로나 심리적으로나 아이들과 약간 떨어진 자리에 있었기 때문일지 모른다. 나는 양쪽의 이야기를 들은 뒤 집 어딘가에 있을 풀을 찾으려고 했다. 그때 작은아이가 불현듯 무언가 생각이 났는지 "엄마, 우리집에 접착테이프도 있을 거예요"라는 말을 했다. "맞아, 여기 있어!"라며 테이프를 찾아 건네자 작은아이는 접착테이프로 스케치북에 종이를 붙여 줄무늬 모양으로 장식했다.

당시 나는 두 아이를 중재해야 하는 임무를 띤 심판관으로서의 역할을 빼앗겼다고 생각했다. 큰아이도 처음에는 무슨 일이 벌어졌나 하며 당황한 기색이었다. 그러나 결과는 모두에게 만족스러웠다.

특히 큰아이는 다 써버린 풀 대신 접착테이프로 상황을 해결하자는 아이디어를 매우 좋아했고, 작은아이도 자신이 제안한 해결책이 받아들여지자 신이 났다. 그리고 두 아이는 언제 싸우기라도 했냐는 듯 만들기 놀이에 다시 열중했고, 접착테이프로 꾸민 줄무늬 왕관을 완성해 머리 위에 썼다.

이런 경험은 갈등과 다툼이 시작되었을 때 부모가 즉시 해결 방안을 제시하지 않아도 괜찮다는 용기를 주었다. 솔직히 말해서 위의 이야기처럼 항상 문제나 갈등 상황이 평화롭고 원만하게 해결되는 것은 아니다. 시끄럽고 격렬한 감정이 폭발하고, 누군가는 참아야 하고 또 누군가는 억울해하는 등 여러 감정들이 뒤따른다.

그 상황에서 부모는 분노를 터뜨리며 욱하기 쉽다. 자신의 생각만 해결책이라는 듯 아이들에게 의견을 따르라고 강요하기도 한다. 그러나 분노가 터져 나오는 순간에는 창조적인 생각도 문제의 해결책도 떠오르지 않는다. 아이들 사이에 끼어드는 대신 아이들을 기다려주고, 무슨 말을 하는지 들어주면 갈등이나 문제 상황이 발생했을 때 멋진 해결책을 찾을 수 있다.

린다는 내가 아이들 때문에 욱했다는 이야기를 할 때마다 "엄마가 잘 지내지 못하면 아이들도 잘 지내지 못하는 게 당연해!"라는 말을 했다. 특히 엄마 자신을 위해 항상 잘 채워 두어야 하는 연료 탱크에 대해서도 이야기했다. 밥을 잘 챙겨먹으라는 의미다. 엄마가 스스로 휴식 시간을 갖고 긴장 완화법을 찾으며, 균형 잡힌 영양소를 섭취하고 충분히 잠을 자면 아이도 스스로를 꽃피우고 발전할 수 있는 환경에서 자랄 수 있다는 뜻이기도 하다.

아이처럼 세상을 편견 없이 바라보고, 무엇이든 그대로 받아들여보자.

평가하지 말고 설명이나 해석도 하지 말자.

마치 한 번도 본 적이 없는 것처럼 말이다.

소리지르는 육아 그만두기
3 단계

내가 되고 싶은 엄마아빠의 모습

어린 시절을 떠올려보자. 아마도 어릴 적엔 한 번쯤 자신의 부모님과 다르게 육아를 하겠다는 다짐을 해봤을 것이다. '나한테 아이가 생기면 우리 부모님과는 완전히 다르게 키워야지. 아이들을 이해해주고 소외감을 느끼지 않도록 관심을 가질 거야. 나는 아이들이 어떻게 지내는지, 아이들이 중요하게 생각하는 것이 무엇인지, 아이들에게 필요한 것이 무엇인지 잘 아는 부모가 될 거야'라고 생각했을지도 모른다.

자기 자신과 아이 사이에서 무언가를 결정해야 할 때 부모는 대개 자신이 겪은 경험과 생각을 기준으로 삼는다. 육아를 하면서 부모는 자신에게 모범이 되었던 사람들의 복사판이 되는 경우가 많다. 따라서 육아로 고민 중인 부모라면 어릴 적 겪었던 부모님의 육아법을 고찰해봐야 한다. 좋은 엄마아빠로 성장할 수 있는 기회가 될 수도 있다.

어린 시절을 떠올려보면 잊고 지냈던 수많은 기억들이 숨겨져 있을 것이다. 어떤 부분은 좋기도 하고, 어떤 부분은 고통스럽기도 하다. 아이였던 시절에는 대부분 부모에게 의존적일 수밖에 없고, 부모의 수중에서 벗어나 스스로 무언가를 결정하지 못하며, 자율적으로 행동할 수 있는 일이 매우 제한적이기 때문이다.

당신의 어린 시절은 어땠나요?

당신이 아이였을 때 어디에 살고, 무엇을 하고, 무엇을 하지 말아야 하고, 하루를 어떻게 보낼 것인지 정하고, 무엇을 먹어도 되고, 무엇을 먹으면 안 되고, 누구와 만나고, 누구와 만나서는 안 되고, 무엇에 전념해야 되고, 무엇에 전념하면 안 되는지 등을 어른들이 결정했을 것이다. 그렇지 않은가?

어린아이에게 하거나 하지 말아야 할 것의 경계와 범위를 정해주는 것은 어느 면에서 볼 때는 아주 편하다. 때로 경계와 범위는 아이가 성장할 수 있는 발판이 되어주기도 한다. 성장은 어떤 모양의 경계냐, 어느 정도의 범위냐에 달려 있기 때문이다. 아이가 자신에게 주어진 것을 얼마나 당연하게 받아들이는지, 또 아이가 그것을 얼마나 흥미롭게 여기는지 관찰해보자.

아이들은 세상에 대한 거대한 지식을 배워야 한다. 그런데 끊임없이 비판적으로 배경과 근거를 따지다 보면 한계에 갇혀 더 이상 앞으로 나갈 수 없게 된다. 경계와 한계는 비슷해 보이지만 다르다. 따라서 아이들에게 비판하고 따지는 기준을 가르치기 전에 지식을 있는 그대로 편견 없이 받아들이도록 키워야 한다.

아이처럼 세상을 편견 없이 바라보고, 무엇이든 그대로 받아들여보자. 평가하지 말고 설명이나 해석도 하지 말고 마치 한 번도 본 적이 없는 것처럼 말이다. 아이처럼 편견이나 평가를 걷어낸 눈으로 있는 그대로 세상을 바라보면 모든 것이 흥미로울 것이다!

당신이 어릴 적 따뜻한 가정에서 성장했다면 세상은 따뜻하게 보일 것이다. 만약 폭력적인 일상을 보냈다면 당신의 세상은 폭력으로 가득할 것이다. 당신의 부모님이 TV를 마음껏 보도록 했다면 미디어를 무제한으로 이용하는 것이 당신에게는 극히 평범한 일과일 것이다. 어린 시절의 환경이 아이가 어떤 사람으로 자라는

지를 결정한다는 의미다.

우리는 어린아이를 멋대로 조종하고, 누군가에게 떠넘기고, 아이에 관한 일을 아이 대신 결정하는 것이 어떤 영향을 끼칠지 좀처럼 진지하게 생각하지 않는다. 때때로 부모는 절대로 하고 싶지 않았던 방식으로 아이를 대하고 행동한다. 스스로도 무언가 잘못됐다고 여기지만 무엇부터 바꿔나가야 할지 몰라, 그 상황을 바라만 보는 것은 고통스러울 것이다. 하지만 속수무책인 기분이나 무기력함, 당황스러움, 분노를 느끼는 상황은 종종 벌어지고 우리에게 아주 익숙한 상황이기도 하다.

특히 육아를 할 때 아이가 부모를 '자극하고 도발할수록' 부모는 더 욱한다. 그러면 목소리는 더욱 커지고, 단어의 선택은 아름답지 않게 변한다. 그간의 경험에 비추어보면 불행히도 욱의 결과는 아이와의 관계를 산산조각 낼 우려가 있다. 결국 부모와 아이 모두 상처받고 슬퍼하고 낙담하게 된다. 욱은 절대로 유익한 효과가 없다.

이성이 제대로 작동하는 평범한 상태라면 욱해서 상황이 나아지지 않는다는 사실을 명확히 알 것이다. 심리치료사 파울 바츨라비크(Paul Watzlawick)도 "같은 행동을 자주 한다고 해서 반드시 더 좋은 결과를 얻는 것은 아니다"라고 말했다.

지금까지 해왔던 일이 더 이상 통하지 않는다면 전략을 바꿔야 한다. 지금까지와 정반대로 행동하는 것도 상황을 새롭게 바꾸는 아이디어가 될 수 있다. 하지만 이 방법도 도움이 되지 않는다면 "뭐가 도움이 될 수 있을까?"라고 아이에게 직접 물어보자.

만약 아이가 자신의 생각을 숨기지 않고 부모에게 분명하게 털어놓고 말한다면 아이가 부모를 어떻게 여기고 있는지 어렴풋이 가늠하고 생각할 수 있을 것이다. 그것이 설령 항상 쉽지 않고, 또 부모와 아이 모두에게 재미없어도 말이다.

자신의 행동을 되돌아보고 성찰하려면 먼저 충분히 시간을 가져야 한다. 당신이 겪은 어린 시절의 경험들이 지금의 육아 과정을 조금 더 가까이 들여다보는 데 도움이 될 것이다. 다음의 워크시트에서 묻는 물음들을 적극적으로 활용해 성찰해보자. 이외에도 생각나는 물음이 있으면 적는다. 곰곰이 생각하며 산책을 하다가 불현듯 마땅한 답이 떠오를 수도 있다. 사진 앨범이나 일기장을 들여다보는 것도 도움이 될지 모른다. 당신의 배우자, 부모님과 의견을 교환하며 워크시트의 질문에 대답하는 것도 좋은 방법일 수 있다.

• 워크시트

- 당신의 어린 시절은 어땠나요? 세 개의 핵심 키워드로 적어보세요.

- 가장 아름다웠던 기억은 무엇인가요?

- 어린 시절 당신에게 부족했다고 생각했던 것은 무엇인가요?

- 그때 기분이 어땠나요?

어떤 감정이든 표현하자

지금 가정에서 아이들이 자신이 느끼는 감정을 제대로 표현하는지 생각해보자. 사회적으로 비교적 달갑지 않다고 여겨지는 감정이라도 아이들이 이를 표현할 수 있다면 부모를 신뢰하고, 부모와 잘 지낼 수 있다는 좋은 신호다. 아이들이 가정에서 부족함 없이 잘 지내고 있다고 느끼며 그것을 말로 표현한다면 더더욱 좋다. 화나고 슬프더라도 앞으로 계속 부모님과 가족에게 사랑받을 수 있다고 믿는 아이들은 자신의 감정을 솔직하게 표현한다.

사실 부모의 입장에서 아이들이 감정을 그대로 표현하는 것을 듣고만 있는 것은 쉽진 않다. 그러나 아이들의 솔직한 감정 표현이 부모인 당신과 아이들에게 도움이 되는 측면들을 생각해보면 그 상황을 받아들이기 쉬워질 것이다.

'엄마는 내가 느끼는 감정을 솔직하게 말해도 혼내지 않아. 그래도 된다고 했어. 내가 화를 내도 우리 엄마는 나를 소중한 존재라고 여길 거야!'라고 아이가 느끼게 해주자. 그러면 장차 "아이는 자기가 느끼는 감정을 알아차릴 줄 알고, 자신이 느낀 감정을 조절해요. 저도 제 감정을 어떻게 조절하는지 알기 때문에 아이가 감정을 표현하도록 내버려두죠. 아이가 저를 모범으로 삼아 그렇게 배웠으면 좋겠어요. 저는 어른이고 부모니까 전적으로 그렇게 해야 할 책임이 있어요"라고 말할 수 있을지도 모른다.

물론 아이를 위협하거나 공포를 심어주고 멸시하는 행동처럼 아주 오래된 육아법을 사용할 수도 있다. "내가 하라는 대로 따르기만 하면 돼! 그러면 너는 네가 누구인지 알 수 있고, 또 앞으로 대단한 사람도 될 수 있어. 그러니까 시키는 대로 해!" 식의 순종 문화는 한때 의미가 있었다. 예전에는 아이의 자발적인 순종이 생존을 보장했기 때문이다. 공장과 광산에서 매일 16시간씩 기계처럼 일하는 것이 필수였던 시대, 저녁에 집으로 귀가하는 길에 가족을 위해 빵 한 덩이를 가지고 오던 시대에서는 말이다.

그런 시대에서는 감정이나 자존감과 같은 개념들을 돌아볼 여유가 거의 없었다. 오로지 살아남기 위해 모든 에너지를 써야 했고, 그러기 위해서 사회에서 통용되는 규범을 익히는 데 몰두해야만 했다. 대부분의 집단에서는 많은 것들을 규칙으로 정한다. 무엇을 배워야 하고, 일을 해야 하고, 결혼을 해야 하고, 이혼을 할 수 없고, 아이들을 가능한 빨리 제 몫을 하는 어른다운 어른으로 키워야 하고, 어떤 종교를 믿고 실천에 옮겨야 하고, 무엇에 대해서 말하거나 침묵해야 하는지 등 말이다.

그동안 우리 사회는 엄청난 변화를 하였다. 어떻게 살고 싶은지, 무슨 일을 하고 싶은지, 아이들을 어떻게 교육하고 싶은지를 스스로 결정할 수 있다. 또 아이들을 어떻게 대할 것인지에 대해서도 스스로 결정할 수 있게 되었다.

자유에는 항상 책임이 따른다.

우리가 어떤 일에 대해 자유롭게 결정할 수 있다면 신중하게 결정하고, 아울러 선택의 결과를 마땅히 감내해야 할 책임이 있다. 따라서 당면한 주제가 무엇이든, 그것이 교육이든 직업적 선택이든 관계 형성이든 훈육이나 그 밖의 무엇이든지 간에 신중하게 다루는 것이 좋다. 만약 신중하지 못한 결정을 내리면 오늘, 지금, 여기서 부모인 당신이라는 존재에 대한 아이들의 신뢰성이 떨어지게 된다.

사람에게는 모두 자신만의 고유한 특성이 있다. 태어나서 겪은 경험을 토대로 자의식이 형성된다. 아이였을 때 보고 자란 엄마아빠, 다른 어른들을 보고 각자 맡아야 하는 역할을 익히고 체험한다. 우리는 주변인들을 통해 엄마라는 존재, 아빠라는 존재, 사람들과의 관계, 삶, 그 밖의 많은 것들이 어떻게 작동하는지 보며 자란다. 그리고 주어진 대로 역할을 받아들인 결과가 모여 오늘날 아이들도 부모가 보여주는 역할을 거울 삼아 자라난다.

어렸을 때는 자신이 어떤 기분인지, 무엇이 옳은지 아닌지를 직접 경험해봐야 알 수 있었다. 어른이 된 지금은 그때와 다를 거라고 생각하지만 부모가 되면 어린아이였던 때와 별반 다르지 않다. 부모의 역할을 맡은 것이 처음이기 때문이다. 물론 성인이 된 후 오래 어른으로 지내다가 무언가를 새로 겪어야 하는 부모의 삶이 때로는 혼란스러울 수 있지만 어떻게 보면 아주 멋진, 인생의 새로운 시작점이 될 수도 있다.

어떤 사람들은 자발적이든 비자발적이든 어른이 되어가는 과정 속에서 자아를 찾는 경험을 겪지 않기도 한다. 그리고 고집스럽게 어린아이 같은 행동 패턴을 유지하고 어린아이 같은 생존 전략을 고수한다. 또는 수십 년이 지난 후에서야 뒤늦게 사춘기를 겪고 자기 자신을 알아가는 사람도 있다. 혼란스럽고 서툴더라도 어른에서 다시 부모가 되는 과정을 거쳐야 한다. 평생을 어린아이로 사는 사람이 과연 자신의 아이를 제대로 된 어른으로 키울 수 있을까 자문해볼 필요가 있다는 의미다.

삶이란 변화 그 자체다

당신은 있는 그대로의 당신이어도 좋다. 매일 다른 존재가 되어도 괜찮다. 한 번은 이런 사람이었다가, 또 한 번은 다른 사람이어도 된다. 누구나 오늘 자신에게 중요했던 것이 무엇이었는지 되물어봐야 한다. 크든 작든 간에 자신의 삶을 결정하고 책임을 지려면 매일 자신에게 무엇이 중요한지, 자신이 누구인지 질문을 던져야 한다.

“어린아이 같은 생존 전략과 자기 파괴적인 행동에서 벗어난다면 당신은 성장할 수 있다. 이때 조건은 스스로에게 솔직해지는 것이다.”

- 예스퍼 율(Jesper Juul)

부모님이나 조부모님 시대에 통용되던 사회적 규범이나 육아법은 더 이상 의미가 없다. 오늘날에는 앞서 부모가 된 경험을 한 부모님이나 조부모님보다 SNS 같은 미디어 매체가 육아에 더욱 큰 영향을 끼친다. 요즘은 누구나 ‘스타’가 될 수 있다. 사람들은 자발적으로 페이스북, 인스타그램, 블로그와 같은 무대에 오른다. 그곳에서 자신이 얼마나 삶과 사랑, 웃음, 관계, 교육 등 다양한 분야에 관심이 있는지 보여주고 싶어 하는 사람들을 만난다. 우리는 그곳에서 다른 사람들이 얼마나 대단한 활동을 하는지 본다.

또한 SNS에서 사람들이 보여주는 사회적 태도의 이면을 들여다볼 수도 있다. 기꺼이 모방하고 싶어 하는 측면이 아닌 전율을 느끼게 하는 측면에서 말이다. 이를테면 페이스북이나 인스타그램, 블로그에서는 경악할 만한 사건이나 폭발적인 분노, 혼란스러움, 아름답지 못한 일상을 보기 어렵다. 거의 완벽한 가정, 예쁜 아이들, 평화로운 자연 풍경, 돈독한 사람들과의 관계, 굉장히 놀라운 체험들을 보게 된다. 모든 것이 인스타그램스럽다.

어리석게도 사람들은 자신을 기꺼이 다른 사람들과 비교하고 싶어 한다. 그리고 남들이 보여주는 모습을 통해 배운다. 미처 그 이면을 제대로 들여다보기도 전에 사람들은 자신도 모르는 사이 인스타그램에 어울리는 삶을 살려는 욕구를 드러낸다.

사실 SNS에서 보이는 모습들은 비현실적이다. 특히 탄성을 자아내게 만들고 극적 효과로 가득찬 페이스북이나 인스타그램, 블로그, 그 밖의 SNS 플랫폼에 있는 사진들은 현실과 거리가 멀다. 그곳의 사진들은 아름다운 측면만을 강조해 보여준다. 먼지가 잔뜩 쌓인 집, 무질서하게 늘어놓은 물건들, 징징거리는 아이, 기분 나쁜 상황은 보여주지 않는다. 그렇다면 현실의 모습은 어떨까? 사람들은 실제로 무엇을 생각할까? 그들은 정말 어떤 상태일까?

진실은 이렇다. 사람이 있는 곳은 어디에나 '인간적인 약점'이 있다. 대패질을 하면 톱밥이 떨어지는 게 당연하다. 사람이 사는 곳이면 예쁘고 편안한 측면이 있는 것과 같이 먼지, 무질서, 미처 보지 못한 것, 잊어버린 것, 망가진 측면들도 있다. 따라서 인스타그램 등의 SNS에서 보이는 모습에 현혹되지 말자. 당신에게 현실적이고 실제로 효과가 있는 일에 집중해야 한다.

"비교는 행복의 죽음이다."

- 쇠렌 키에르케고르(Søren Kierkegaard)

당신 스스로에게 해줄 대답을 찾으려면 다시 한 번 충분히 시간을 들여 고민해봐야 한다. 중요한 것은 부모라는 존재인 당신이 아이에게 보여줄 수 있는 모범적인 모습이 지금 시험대에 올라와 있다는 점이다. 다음 워크시트에 있는 질문을 토대로 어린 시절 당신의 부모님에 대한 기억을 떠올려보자. 그림이나 편지, 일기장에 있는 기록들을 참고하면 많은 도움이 될 것이라고 생각한다.

• 워크시트

어렸을 때 당신은 엄마 또는 아빠에게 무엇을 배웠는지 되돌아보자.

- ‘좋은 엄마’ 또는 ‘좋은 아빠’는 어떻게 행동해야 할까요?

- 배우자, 아이, 직업은 당신에게 어떤 가치가 있나요? 그리고 당신은 어떤 가치가 있는 사람인가요? 길게 생각하지 말고 누가/무엇이 가장 우선순위인지 써봅시다.

- 위에 쓴 가치 중 계속 유지해야 하는 것은 무엇인가요?

- 자신의 가치를 어떤 식으로 전달하나요?

- 가족, 배우자, 아이들, 당신에게 의미 있는 사람들과 함께 살 때 중요한 것은 무엇이라고 생각하나요?

- 당신은 상대방을 어떻게 대하고, 상대방이 당신을 어떻게 대했으면 좋겠는지 써보세요. (예. 사람들이 나를 배려 있게 대해주면 좋겠다)

- 살면서 우리에게 중요한 것, 아무도 보지 않더라도 우리가 그에 따라 행동해야 하는 가치관 등에서 어떤 가치를 이끌어낼 수 있다고 생각하나요? (예. 존경, 솔직함, 공명정대함)

역할에 따라 결정되는 가치의 만족도

만약 당신이 평소 특정 가치를 중요하게 생각하고 있다면 일상생활에서 크고 작은 결정을 내리는 일이 쉬울 것이다. 자신이 지향하고 있는 가치에 대해 생각하는 태도를 가리켜 '가치 의식을 가졌다'라고 하는데 가치 의식은 우리에게 방향을 제시하고 어떤 상황이나 일, 사람에 대해 제대로 파악할 수 있도록 도와준다. 다시 말해, 가치 의식은 우리가 어떤 상황에 직면했을 때 그 상황에 걸맞게 반응하도록 하고 아울러 자율적으로 행동할 수 있게 하는 기준이 되어준다.

다음에 제시된 80개의 생산적인 행동 가치들은 어떻게 행동할지의 기준이고 무엇을 어떻게 정의하는지에 대한 기준이자, 당신에게 자극을 주는 것들이다. 제시된 행동 가치들 중 평소에 중요하다고 여기는 가치를 골라 가치 조사표를 작성해보자. 여기에 제시된 행동 가치 외에 더 많은 것을 추가해도 된다. 만약 당신이 스스로 중요하다고 생각한 가치를 결정 내렸다면 어떤 역할과 관계 속에서 당신의 가치가 살아나는지를 보게 될 것이다.

뚜렷함	공평	수용	근면
이타심	유동성	예의 바름	자유
정직	기쁨	원만함	평화
신뢰	수여(주다)	동반	인내
고집	느긋함	겸양	정확함
신중함	정당함	끊임없음	성실성
고마움	비폭력	겸허	신념
꾸밈없음	공명정대함	감정 이입 능력	아량이 있음
준비가 되어 있음	자비	금욕	조화
결정력	협조	단호함	헌신
희망	의무감	유머	존경심
이상주의	사려 깊음	영감을 얻음	유순함
무결함	자기 단련	직관	연대감
명민함	근검절약	생동감	안정
가벼움	나눔	사랑	관용
친절	독립심	격식 없음	청렴
충성	중립	절제	책임감
공감	신빙성	용기	믿음
이웃 사랑	용서	솔직함	지혜
질서	선견지명	파트너십	존엄

아래에 내가 진행한 부모 세미나에 참여했던 K가 작성한 가치 조사표를 발췌했다. K의 가치 조사표를 참고해, 자신의 역할과 그에 따라 지향하는 가치가 무엇인지 체크한 뒤 다음 페이지에서 워크시트의 빈 칸을 채워보자.

역할/가치	존경심	솔직함	공명정대함	합계
엄마	8	5	5	18
아내	6	7	7	20
딸	9	4	3	16
형제자매	8	10	10	28
합계	31	26	25	

• 워크시트

자신의 역할에 따른 가치를 실제로 얼마나 실현하고 있는지 0~10점까지 가치를 매겨보자.

역할/가치				합계
합계				

앞에서 작성한 가치 조사표를 근거로 해서 자신이 생각하는 가치를 떠올리며 대답해보자.

- 어떤 가치를 가장 잘 따르며 살고 있나요? 그리고 어떤 가치를 덜 실현하고 있나요?

- 따르기 쉬운 가치는 무엇인가요? 어떤 가치를 문제없이 실현하며 살 수 있는지 써보세요.

- 지향하기 어려운 가치는 무엇인가요?

- 당신이 지향하는 가치를 가장 잘 살릴 수 있는 역할은 무엇인가요?

K의 가치 조사표를 보면 그녀가 가장 중요하게 여기는 가치는 존경심이다. 그녀는 형제자매의 역할일 때 자신이 지향하는 가치를 가장 잘 실현한다. 반면 딸의 역할일 때는 가치를 제대로 발휘하지 못하는 편이다. 어쩌면 K가 부모님에게 맞설 때 동생과 함께 연대했기 때문에 형제자매 사이가 가깝고 친밀해서 형제자매였을 때 가장 자신의 가치에 부합하는 역할을 수행하는 것일지 모른다.

한편 그녀가 딸의 역할일 때 부모님에 대한 존경심이라는 가치가 높은 이유는 두려움 때문이다. 두려움 때문에 K는 지금까지도 부모님에게 자신의 삶에 대해 솔직하게 이야기하지 않는다. 가치 조사표를 보면 차이가 명확하게 보인다. 마찬가지로 K는 아내의 역할을 맡았을 때 존경심을 비교적 작은 숫자로 적었다.

가치 조사표로 새롭게 알아낸 지식을 바탕으로 K는 이제 무엇을 바꾸고 싶은지, 어떤 것을 그대로 유지하고 싶은지, 그런 다음 어떻게 할 것인지 결정해야 한다. 이런 과정들을 통해 체계적이고 의식적인 자아 성찰과 개인의 발전을 계속 해나갈 수 있다.

자신의 가치를 알면 지향하는 가치에 맞닿은 목표를 세울 수 있다. 우리에겐 항상 방향을 새로 설정하고 앞으로 나아갈 수 있는 목표가 필요하다. '바람이 어느 방향에서 불어오든 중요한 것은 먼저 돛을 제대로 달아야 한다'라는 소크라테스 시대에나 통용되었을 법한 격언을 인용해 강조하고 싶다. 실제로 목표를 달성했느냐하는 여부를 확인할 수 있는 건 정확히 어디로 가고자 하는지를 알았을 때만 가능하다! 때로는 그저 돛을 다는 것만으로도 배를 움직이는 미풍을 즐길 수 있듯 모든 일이 순조롭게 풀릴 수 있다. 그러니 일단 어떤 가치를 우선시하며 살아갈 것인지 정도라도 생각해 보자.

자신이 추구하는 목표가 무엇인지 안다면 항상 그 목표에 방향을 고정하고 제대로 나아가도록 노력할 수 있다. 조금 더 구체적으로 목표를 세우면 목표 달성 여부를 가늠하고 측정할 수도 있다. 구체적인 목표는 우리가 성공이라는 항구로 가는 도중에 겪게 되는 과정들을 예측할 수 있게 한다. 그래서 나는 사람들에게 이루고자 하는 목표를 구체화하려면 목표를 측정할 수 있도록 글로 표현하라고 권하는 편이다. 다음의 워크시트를 작성해 육아에 임하는 구체적인 목표를 글로 적어보자.

- 아이와 함께하는 일상에서 당신의 목표는 무엇인가요?

- 아이에게 원하는 것은 무엇인가요? 아이가 어떤 어른이 되기를 원하나요?(예. 자의식이 있는 어른이 되길 바란다, 용기 있는 어른이 되었으면 좋겠다)

- 당신이 아이의 발달에 도움이 되었다는 것을 무엇으로 알 수 있나요?

존엄성을 보호하라

존엄성이라는 단어에는 '손상이 없음', 즉 자기 자신으로서 흠이 없고 무사한 상태, 고유한 상태를 의미한다. 개인의 존엄성이란 어떤 특성이 당신에게만 속한다는 것을 전제로 한다. 개개인을 '나라'에 비유했을 때 당신의 나라에는 어떤 특성이 있을까? 몸이나 정신, 영혼에는 어떤 특성이 있을까? 당신의 나라에서 좋고 올바르다고 여겨지는 의견이나 가치는 무엇인가? 당신의 나라가 어떻게 만들어졌고, 어디서 시작했고 또 어디서 끝날지 안다면 비로소 당신은 자신의 나라를 온전하게 보호할 수 있다.

그러려면 스스로의 결정에 책임질 수 있고, 타인과 자신의 경계를 지킬 수도 있어야 한다. 때로는 다른 사람의 입장에서 생각해 서로의 경계를 넘나들도록 허락할 수도 있다. 그러나 우리가 자신의 존엄성을 지키려면 스스로 자신의 경계를 넘어서고 싶은지 아닌지, 얼마나 자주 다른 사람들이 경계를 넘어오도록 허락할 것인지 결정할 줄 알아야 한다.

물론 이는 당신이 분명히 타인과 자신의 경계를 인식하고 있으며, 자신의 존엄성을 지키는 방법을 충분히 생각해보았다는 것을 전제로 한다. 그렇지 않으면 다른 사람이 당신의 존엄성을 해치려드는 일은 아주 빈번히 일어나게 된다. 그러다 보면 자신의 의지와는 달리 과도한 부담을 지게 되고, 때로 타인과의 관계에서 상처 입고, 다른 사람의 의지에 잠식당하는 상황에 처하게 된다.

> "스스로 움직이지 않는 사람은 자신을 옭아맨 사슬을 느끼지 못한다."
>
> **- 로자 룩셈부르크(ROSA LUXEMBURG)**

자신의 경계를 인식하고 존엄성을 지키는 일은 아주 엄청난 과제처럼 들린다. 맞는 말이기도 하다. 심지어 평생 해야 하는 힘들고 어려운 과제다. 우리 세대는 자신의 존엄성을 지키는 것에 대한 롤 모델이 없다. 앞선 세대의 사람들은 지금보다 훨씬 전통과 사회적 규범에 얽매이고 제한받았다. 그러나 앞선 세대의 사람들과는 달리 우리에게는 선택할 수 있는 자유가 있다. 우리는 앞선 세대와는 완전히 다른 새로운 길을 걷는다.

부모에게는 아이들에 대한 책임이 있다. 아이들의 몸이나 정신, 영혼이 다치지 않도록 직접 나서서 보호해야 할 책임이 있다. 아이들은 아직 자신의 존엄성을 스스로 보호할 할 수 없으니 부모가 대신 보호해줘야 한다. 부모는 어떻게 해야 자기 고유의 존엄성을 보호할 수 있는지 아이에게 롤 모델이 되어주면서 존엄성을 지키는 방법을 가르쳐줘야 한다.

아이들에게도 넘지 말아야 할 자신만의 선, 즉 경계가 있다. 그런데 아이들은 작고 약하기 때문이 어른들은 쉽게 아이들의 경계를 넘나들 수 있고 아이들은 몇몇 상황에서만 가까스로 스스로를 방어할 수 있다. 부모는 많은 경험을 했고 지식도 많이 쌓았다. 게다가 살아오면서 습득한 능력도 있다. 어른이자 부모인 우리는 바로 이런 지식과 능력을 아이들의 안녕을 위해 사용해야 한다.

살다 보면 때때로 예상하지 못한 때에 어려운 일이 발생한다. 갑작스러운 사고가 생기기도 하고 심지어는 죽기도 한다. 이런 사고나 죽음은 부모도 완전히 막아줄 수 없다. 하지만 부모는 그런 일들이 닥쳤을 때 어떻게 대처하는지 직접 보여주면서 아이들 곁에 서서 격려해줄 수 있다. 아이들이 겪는 고통을 나눠 짊어지는 것이다. 아이들의 감정을 알아주고, 같이 슬퍼해주고, 함께 길을 걸어가줄 수 있다. 그렇게 하면 아이와 함께 부모도 더불어 성장할 수 있을 것이다.

아이를 대하는 태도 점검하기

태도에서 행동이 나타난다. 행동은 그에 상응하는 감정을 만들어내고, 이상적으로 행동할 근거를 제공한다. 예를 들어, 다른 사람을 존중하는 마음을 가진 할아버지가 손자에게 이를 가르치려고 한다고 하자. 이런 목표를 가진 할아버지는 아이를 항상 존중하는 태도를 보이고 가치 있는 존재로 대할 것이다. 아이는 할아버지가 자신을 진지하게 존중해준다고 느낀다. 또 할아버지가 자신을 믿어주고 있음을 안다.

이때 아이의 기분은 어떨까? 매우 기쁠 것이다. 할아버지 앞에서 긴장을 풀고 지낼 것이고 아이는 스스로에게 잘못된 것은 없다고 여기며, 자신의 모든 것이 올바르다고 믿을 것이다. 더불어 아이는 자신이 가치 있는 존재라는 생각, 다시 말해 '자기 가치감'이라는 감정을 발달시킬 가능성이 크다. 앞으로도 아이는 살아가면서 할아버지가 가르쳐준 것처럼 다른 사람을 존중하고 믿어주며 진지하게 대할 것이다.

관계를 파괴하는 측면도 같은 방식으로 작동한다. 어른이 아이의 가치를 깎아내리고, 아이에게 관심을 보이지 않으면 아이는 무시받는다고 여긴다. 또한 사람들이 자신을 이해하지 못한다고 생각하게 된다. 아이는 '너처럼 하찮은 존재는 안중에도 없어', '당연히 너를 못 믿지!'와 같은 피드백을 경험하고, 항상 긴장한 채 다른 사람을 의식할 수밖에 없다. 다른 사람의 관심을 끌기 위해 문제 행동을 일으키거나 화를 내는 등의 노력을 하기도 한다. 그리고 어떤 상황에서도 인정받지 못하면 아이의 자아는 위축된다. 이렇게 자란 아이는 다른 사람들, 특히 자신보다 약한 사람들의 가치를 깎아내리는 어른으로 자랄 가능성이 대단히 높다.

자존감 높이기

조금 어려운 말이지만 '자존감'이라는 개념을 자세히 들여다보자. 자존감은 몸, 정신, 영혼, 그 밖의 다른 개인적이고 세밀한 부분들을 포괄해 스스로에 대해 가지는 감정을 의미한다. 앞서 언급했던 존엄성과도 관련이 있다. 자존감은 능력과 무관하다.

자존감에서 중요한 점은 '자기 자신을 어떻게 평가하느냐', 즉 자신의 상태를 어떻게 받아들이느냐에 있다. 절대 스스로를 위대한 사람, 최고인 존재, 가장 아름다운 사람, 원더우먼이나 슈퍼맨처럼 여기라는 의미가 아니다. 스스로를 과대평가하는 것은 도가 지나친 자아상이고, 잠재적으로 자존감이 약한 사람들에게서 나타나는 행동이다. 좋을 때나 나쁠 때나 자기 자신을 제대로, 정확히 평가하는 것이 자존감의 중요 전제 조건이다.

각각의 '나'에게는 '너', 즉 '당신'이 필요하다. 그렇기 때문에 자존감에서 싹튼 씨앗은 다른 사람들의 의견을 먹고 자란다. 작은 씨앗을 어떻게 가꾸고 보살피느냐에 따라 자존감이 발달한다. 순종을 요구하는 문화는 유감스럽게도 자아가 건강하게 발달하는 데 독이나 다름없다. 순종 문화는 인간이라는 존재 자체에 가치를 두지 않고 오직 인간의 기능성과 능력에만 가치를 두기 때문이다.

자존감은 크고 작은 위기가 닥쳐도 우리가 꿋꿋이 버티며 견딜 수 있는 든든한 기반이 되어준다. 누군가가 우리를 화나게 만들었을 때, 누군가가 주차 자리를 가로챘을 때, 직장을 잃었을 때, 결혼이 파탄 났을 때, 어려운 상황에 처했는데 친구가 외면할 때 참고 인내하게 한다. 그런 어려운 상황에 처했을 때 무작정 자신의 능력만 믿고 있는 것은 도움이 되지 않는다. 남편이 나를 떠난다는데 내가 능력 있고 훌륭한 작가라는 사실이 무슨 도움이 될까? 이때 절실히 필요한 것은 능력이 아니라 내가 인간으로서 좀 더 가치 있는 존재가 될 수 있는지에 대한 정보, 다시 말해 자존감이다.

다행히도 우리는 어려서부터 가치 있는 존재가 되는 방법을 배울 수 있다. 그렇기 때문에 나는 부모들에게 가족 구성원들, 특히 아이를 동등하게 대하라고 권한다. 그래야 아이에게 어려운 상황이 닥쳐도 그동안 발달시켜온 자존감을 바탕으로 앞으로 자신의 삶을 꾸려나갈 수 있는 튼튼한 토대를 마련할 수 있다.

설령 당신이 어린 시절에 자존감을 키우는 방법을 배우지 못했더라도 괜찮다. 이제부터라도 자존감은 성장할 수 있다. 아이의 가치, 다른 사람들의 가치 그리고 스스로의 가치를 인정하고 동등하게 존중하면서 장차 아주 튼튼한 나무가 되도록 땅을 골라 자존감의 씨앗을 심고 물을 주며 보살피자. 그러면 씨앗은 혼자서도 쑥쑥 커나갈 수 있을 것이다.

유대감과 사랑 속에서 성장하는 아이

18세기 교육자이자 학교 개혁가인 요한 하인리히 페스탈로치(Johann Heinrich Pestalozzi)는 "교육은 모범과 사랑이다"라고 정의했다. 실제로 아이들은 부모가 좋을 때나 나쁠 때나 상관없이 하루 24시간 동안 부모를 보며 배운다.

그렇기 때문에 아이를 키우는 중인 부모는 스스로를 성찰하고 자신의 인격 발달을 위해 뚜렷한 의식을 가지고 있어야 한다. 어떤 일이 생겼을 때 그냥 흘러가도록 내버려두거나 아이가 다른 친구를 때리는 모습을 놀란 눈으로 지켜보는 대신 말이다.

사랑에는 많은 얼굴이 있다. 당신이 사랑받는다고 느끼기 위해 필요로 하는 것과 아이가 사랑받는다고 느끼기 위해 필요로 하는 것은 다르다. 당신의 배우자나 다른 사람들의 관계에서도 마찬가지다.

따라서 우리는 자신의 맞은편에 누가 서 있는지, 상대방이 사랑받는다고 느끼게 하려면 무엇이 필요한지 알아내야 한다. 그러려면 상대방을 솔직히 대하고 호기심을 보여야 하며 때로는 너그럽게 관용을 베풀어야 한다. 그렇게 노력한다고 해서 다 해결되는 것은 아니지만 다른 사람이 어떻게 생각하고 어떻게 느끼는지 우리는 거의 알 수 없기 때문에 앞에서 언급한 솔직함이나 호기심, 관용 외에도 더 많은 노력을 기울여야 한다.

당신에게 긍정적인 영향을 주었던 부모님, 조부모님, 선생님, 교수님 등의 사람들을 기억해보자.

- 당신에게 긍정적인 영향을 끼친 사람이 해준 것은 무엇인가요?

- 그 사람은 어떤 입장/태도로 당신을 지켜봐주었나요?

- 그 사람은 어떤 생각을 가졌다고 느꼈나요?

- 그 사람의 행동은 어땠나요?

당신은 세상에 하나뿐인 유일한 존재다.

우리는 각각 개별적인 사람이고, 세상에 단 하나밖에 없는 유일한 존재다. 어느 누구도 몸과 정신, 영혼이 같지 않다. 다른 사람이 무엇을 필요로 하는지를 짐작할 수 있지만 분명히 알지는 못한다. 그래서 우리는 다른 사람에게 질문을 던진다. 질문을 받은 사람이 스스로 무엇을 원하는지 잘 알며 말로 표현하면 우리는 타인에 대해 더욱 깊이 통찰할 수 있기 때문이다.

아이들의 경우는 다르다. 부모의 말을 이해하고 표현하는 능력이 아직 부족하기 때문에 자신이 원하는 것이 뭔지 잘 표현하지 못하는 경우가 많다. 부모라면 아이가 투정을 부릴 때 무엇 때문인지, 무엇을 원하는지 전혀 감이 잡히지 않고 이해가 되지 않는 상황을 마주할 때가 있다. 그래서 부모는 아이들과 이야기하고, 함께 시간을 보내고 관찰하며 존재하는 모습 그대로 받아들이면서 아이들에 대해 알아가는 과정을 거쳐야 한다. 갓난아기에 대해 알아가는 것처럼 말이다. 나는 이 과정에 사랑이 깃들어 있어야 된다고 생각한다.

뇌과학자의 조언

사람에게는 모두 어머니의 배 속에서 9개월을 보내면서 체험한 두 가지 근본적인 기본 욕구가 있다. 물론 태어난 이후에도 기본 욕구는 사라지지 않는다. 두 가지 기본 욕구란 유대감에 대한 욕구, 발달과 성장에 대한 욕구다.

게랄트 휘터 박사는 태어나기 전부터 발달한 능력 외에도 새로 태어난 아이들은 누구나 세상에 대한 두 가지 기본적인 경험을 한다고 했다. 첫 번째 경험은 현재의 자기 자신을 넘어서 계속 성장하고자 하는 경험이다. 어머니의 배 속에서 어떤 상황을 겪든 성장 시스템이 작동하는 것을 경험했기 때문에 우리는 지금의 상태에서 벗어나 계속 성장할 수 있다는 기대를 하게 된다.

두 번째 경험은 이런 성장이 부모와의 긴밀한 유대 관계 속에서 일어난다는 점과 관련이 있다. 부모와의 깊은 유대감은 타인과 친밀해지길 바라고, 함께하고 싶은 욕구의 기본 토대가 된다. 긴밀한 유대감을 바탕으로 현재 상태에서 벗어나 스스로를 성장시키는 경험들이 자아를 완성하고 타인과 연대하고자 하는 욕구의 밑바탕을 이룬다는 의미다.

사랑과 신뢰의 생물학적 기초도 유대감과 성장 욕구에서 비롯된다. 사랑은 관계에 포함된 사람 모두를 성장시키고 연대를 촉진시키는 유일한 형태의 관계이기 때문이다. 그렇기 때문에 사랑은 없어서는 안 되는 일종의 자연 법칙인 셈이고, 유대감과 성장 욕구를 충족시키는 유일한 방법이다.

무언가를 있는 그대로 인정하는 것

우리가 무언가를 있는 그대로 인정하면 상상이나 기대, 동경에서 자유로워질 수 있다. 방금 느낀 것을 무시하거나 억누르지 않고, 그 존재의 이유를 인정할 수 있게 된다. 또한 적극적으로 상황에 맞춰 적응하는 행위의 일부라고 할 수 있으며, 억눌린 감정이나 맞닥뜨린 상황에서 벗어나게 한다. 이렇게 '무언가를 있는 그대로 인정한다는 것'은 다른 사람도 나처럼 있는 그대로 존재할 권리가 있다는 점을 인정한다는 의미다.

'저 사람은 왜 그럴까?'라는 의문이 생겼을 때 상대방에게 왜 그러냐고 묻는 것을 멈춰라. 이유를 묻는다고 해서 해결책이 생기지 않는다. 차라리 '너는 너, 나는 나'라고 생각하고 상대방의 행동이나 생각을 인정하는 게 낫다.

사실 배우자, 아이, 다른 사람들을 평가하거나 심판하지 않고 있는 그대로 인정하기란 어렵다. 사람들은 대부분 다른 사람이 규칙을 제대로 따르는지, 그 사람의 행동이 자신의 생각과 일치하는지 여부를 평가하는 일에 매우 익숙하다. 격하게 감정을 터뜨리는 아이나 분노 발작이라도 일으키는 듯한 아이를 담담하게 통제하고 문제 상황을 극복하기는 어렵다. 하지만 무언가를 있는 그대로 인정하면 시선을 눈앞에 벌어진 문제 상황에서 다른 곳으로 돌릴 수 있고, 사태를 다르게 보는 열쇠를 얻을 수 있다.

지금 슬프면 슬퍼하는 것은 당신이다. 아이가 화를 내면 화를 내는 것은 아이다. 배우자가 마음이 상했으면 마음이 상한 사람은 배우자다. 각자의 감정은 있는 그대로 완벽하다. 각자 느끼는 감정은 다른 사람의 감정보다 더 좋거나 나쁘지도 않다. 각자 자신의 감정을 느낄 수 있어야 하고, 서로 다른 사람의 감정을 인정해야 한다. 감정 이면에는 대개 욕구가 숨어 있다. 그 욕구가 무엇인지 알아차리고 채울 가능성을 찾는 일은 가치가 있다. 그러려면 우선 서로가 각기 다른 감정을 지녔다고 인정해줘야 한다.

감정을 무시하려고 시도할수록 다른 면이 부각된다. 다시 말해, 감정을 억누르다 보면 억눌린 감정은 어디선가 표출될 다른 통로를 찾는다. 그리고 감정을 억누르는 일은 그 자체로 힘들다. 감정이 없는 것처럼 행동한다고 해서 감정이 사라지는 것도 아니다. 그 감정이 지닌 가치를 인정해줘야 우리는 감정에 얽매인 상태에서 벗어날 수 있다. 때로는 "맞아, 정말 그래", "나도 슬퍼", "너한테 얼마나 힘든 일인지 잘 알아"라고 말해보자. 감정을 인정해주는 것은 그 정도의 말로도 족하다.

당신의 기대에 부응해야 하는 것이 아이의 과제는 아니다. 배우자의 과제도 아니다. 이 말을 뒤집어 표현하면 부모의 기대대로 아이가 행동하길 바랄 때 아이는 자기 자신과 존엄성을 부정해야 한다는 의미다. 육아 때문에 고민하고 있다면 자신의 어린 시절에 겪은 경험, 자신이 중요하다고 생각하는 가치나 목표, 스스로의 존엄성과 아이를 대하는 태도를 다시 한 번 점검해보자. 다음의 워크시트를 채우며 성찰의 시간을 갖는 것도 좋다. 스스로에게 어떤 부모가 되고 싶은지 물어보는 것이다.

☑ 어떤 엄마아빠가 되고 싶은가요?

☑ 그런 엄마아빠가 되는 것을 의식적으로 또는 무의식적으로 방해하는 것은 무엇이라고 생각하나요?

☑ 그런 엄마아빠가 되기 위해 필요한 것은 무엇인가요? 또는 내가 그런 엄마아빠가 되도록 격려하고 지지해주는 것은 무엇이라고 생각하나요?

☑ 당신을 모범으로 삼아 아이가 무엇을 배운다고 생각하나요?

엄마의 생각

엄마가 원하는 것을 우선으로 해야 육아가 편해요

린다가 내게 "어떤 엄마이고 싶어?"라고 물었다. 내심 린다는 내가 나 자신을 위한 답을 하길 원했다. 그러나 처음 질문을 받은 순간에 나는 대답할 수 없었다. 나는 명확하고, 사랑스럽고, 공정하고, 친절한 사람이고 싶다. 그리고 항상 아이들을 위해 존재하는 엄마이며, 평생 아이들을 보살펴주는 사람이 되고픈 마음도 있다. 내가 원하는 사람이 되려면 어떻게 해야 할까?

먼저 내가 원하는 부모의 모습을 보여줄 수 있는 모범 사례를 찾아야 했다. 나는 시끄럽게 목소리를 높여 말하는 가정 환경에서 성장했고, 내가 어린 시절에 겪었던 일상의 모습은 지금의 우리집과는 완전히 달랐기 때문이다. 나는 어린 시절, 가족 안에서 내가 어떤 사람인지 제대로 답을 찾지 못했다. 부모가 된 지금 '적어도 내 아이들은 그렇게 키우고 싶지 않다'라는 생각만은 확고하다.

내가 어렸을 때 중요하게 생각했던 것은 무엇이고, 어렸던 나에게 모범을 보였던 인물의 역할이 어땠는지를 살펴보는 일은 매우 긴장된다. 주변 사람들을 하나씩 떠올리다 보면 놀랍게도 나쁜 모범 사례도 타산지석이 되어 지금의 육아에 도움이 될 수 있다는 점을 깨닫는다. 이를테면 '이 말은 절대 아이들에게 해서는 안 돼!'라는 점을 다시 한 번 확인하는 식으로 말이다.

어떤 엄마가 되고 싶은지 알아내려고 할 때 먼저 아이들의 눈높이에서 생각했던 태도가 큰 도움이 되었다. '아이들은 무엇을 볼까?', '아이들이 너무 작아서 내가 미처 알아차리지 못하는 것은 무엇일까?', '아이들이 이해할 수 있지만 말로 제대로 설명하지 못하는 것은 무엇일까?', '아이들이 나에게 보여주고 싶고 말하려는 것은 무엇일까?' 하는 질문을 통해 아이들의 눈높이에서 보려고 했다.

아이들 옆에 쪼그리고 앉아 아이들이 바라보는 방향을 바라보자. 그렇게 아이들의 눈높이에서 바라보면 때때로 문제가 뭔지 알아차릴 수 있다. 나는 문제를 아이들의 입장에서 제대로 이해했을 때 안도와 기쁨이 느껴진다. 정말로 아이들이 느끼는 것을 함께 느끼고 싶다. 아이들이 열중하는 것을 알아차리고, 아이들의 시선에서 관찰하고 놀라워하고 싶다. 그리고 아이들이 원하는 것이 충족되도록 도와주고 싶다. 아이들이 원하는 것이 얼토당토않아서 내가 아이들의 욕구나 소원을 들어줄 수 없을 때도 화내거나 욱하지 않고 참을 수 있는 부모가 되기를 바란다. 또 아이가 가는 길을 지지해주고 격려해주며 동행하는 부모가 되고 싶다.

스스로에 대한 요구나 생각, 조건은 시간에 따라 변한다. 따라서 나 또한 엄마라는 내 존재를 매번 다시 조정해야 한다. 하지만 아이들을 키우는 기본 토대는 변하지 않고 똑같다. 사랑이다! 모든 것은 무조건 사랑을 바탕으로 해야 한다. 아이들은 사랑 안에서 성장하고 자라야 한다.

아이들에겐 달갑지 않은 빡빡한 일상

일상에서 벌어지는 익숙한 행사나 일과를 매일 똑같이 유지하는 것은 매우 편하다. 사람들도 대부분 별다른 저항 없이 정해진 하루 일과를 받아들인다. 또 일과가 정해져 있어야 시간 개념을 이해하고 무슨 일이든 계획할 수 있다. 다음 단계에 무슨 일을 해야 하는지 알고 체계적으로 대비할 수 있기 때문이다.

정해진 일과에 대해 예를 들어보겠다. 나는 8시 30분까지 어린이집에 아이를 데려다줘야 하고, 9시까지는 출근을 해야 하고, 11시에는 회의가 있다. 그런 다음 점심식사를 하고, 퇴근을 한 뒤 다시 어린이집에 가서 아이들을 데려온다.

어른들은 이렇게 정해진 일과를 필요로 하는 반면, 아이들은 정해진 일과를 비교적 좋아하지 않는 편이다. 아침마다 느끼지만 이렇게 정해진 일과는 사실 나에게도 너무 빠듯하고 버겁다. 빡빡한 평소 일과를 소화하기도 힘든데 하필이면 가는 날이 장날이다. 어떤 날은 스타킹 올이 나가고, 밥이 딱딱하게 굳어 있고, 아침 대신으로 먹으려던 사과는 물렀고, 설상가상으로 토스트는 삐뚜름하게 잘라진다. 그다음 무슨 일이 벌어질지는 당신도 잘 알 것이다. 결국 스트레스를 받고 아이들에게 화풀이를 하게 된다.

"아이들을 가르치려는 것을 멈춰라. 가르치려 들지 않아도 아이들은 부모가 하는 것을 모두 따라서 한다."

- 칼 발렌틴(Karl Valentin)

감정의 소용돌이에서 빠져나오세요

"엄마는 정말 답답해요!" 어느 날 갑자기 아이의 입에서 튀어나올지도 모를 문장이다. 맞다. 일상에서 휘몰아치는 일과 때문에 너무 바빠서 아이들이 원하는 것을 해주지 못할 때면 나는 답답한 사람이 되고 만다. 왜냐하면 '반찬을 이렇게 담았어야 더 보기 좋았을 텐데'라고 한탄하거나 '30분만 일찍 일어났으면 어린이집에 조금 더 빨리 갈 수 있었을 텐데'라고 생각하며 쓸데없이 시간을 허비하기 때문이다.

무언가 잘 되지 않거나 잘못된 방향으로 가고 있어서 스트레스를 받는다는 것을 나에게 말하고 싶을 때 아이가 표현하는 단어는 '답답하다'이다. 말싸움이 오가다 인신공격을 할 때, 조롱하거나 욱하는 말을 표현할 때도 아이들은 '답답하다'라고 한다. "저한테 그런 말 하지 마세요!"라는 의미를 담아 아이들이 내게 소리치는 것이나 다름없다.

'답답하다'라는 말이 아이의 입에서 나오면 본격적으로 다툼이 시작된다. 그리고 결국 나나 아이들 할 것 없이 모두 훌쩍이고 만다. 체계적으로 시간을 나누고 짰던 하루치 계획은 아무 쓸모없어진다. 어느 누구도 이런 상황에서는 잘 지낼 수 없다. "엄마한테 그렇게 말하면 안 돼!"라고 말하지만 소용없다. 나도 어렸을 때 부모님에게 종종 들었던, 가슴 깊이 박힌 문장이다. 그런데 나도 부모가 되어서 아이들에게 그런 말을 한다.

나는 빡빡한 일상에서 느끼는 감정, 다시 말해 스트레스의 소용돌이에서 벗어나야 한다고 생각했다. 이런 상황에서 벗어나려면 먼저 내가 어디에 있는지부터 알아야 한다. 나를 방해하는 것은 무엇이고 나는 왜 이러저러해서 그런 식으로 반응했는지 생각해보는 것이다. 그리고 나를 그렇게 반응하도록 만든 원인은 무엇인지, 내가 180도로 돌변해 답답한 엄마가 된 이유는 무엇인지, 아이들과 감정적으로 부딪힐 때는 어디에서부터 문제를 풀어나가야 하고 어디에서 멈춰야 하는지, 문제의 원인이 나에게 있는지, 나에게 중요한 것은 무엇인지 등을 생각해보자.

린다는 앞서 존엄성에 대해서 썼다. 그녀와 존엄성에 대해 이야기를 나누며, 나 자신에 대해서도 생각해보았다. 나는 누구이고, 스스로를 어떻게 여기는지에 대해서 말이다. 이때 자기 자신을 구체적으로 묘사하고, 말로 표현하는 방법이 도움 된다.

예를 들면 이렇다. '나는 꿈과 비전을 가진 사람이다. 나는 단정하다. 또 나는 무질서하다. 나는 올곧은 사람이고 진지한 사람이다. 싸워도 뒤끝이 오래가지 않는다. 나는 믿음직한 사람이고 긍정적이다. 낙관적인 태도를 가졌다. 나는 노력하는 사람이고, 살짝 완벽을 추구하는 경향이 있다. 항상 모든 일을 가능하면 바로바로 해결하려고 한다. 그래서 부담감과 스트레스를 느낄 때도 있다. 그리고 주변 사람들의 말을 듣고 그들의 입장에서 보려고 할 때 이따금씩 갑갑함을 느낀다'처럼 자신을 최대한 구체적으로 표현해보자.

아이들은 이런 내 모습을 보고 느낀다. 아이들은 나를 보고, 내가 하는 말과 행동을 그대로 따라 한다. 부모는 항상 아이들의 모범이다. 그래서 감정의 소용돌이에 빠진 내 모습을 돌이켜보고 성찰하면서 내가 무엇을 위해 노력하는지 다시 되새김질한다. 나는 욱하는 감정을 참을 수 있는 엄마가 되고 싶다. 아이들이 가는 길을 함께 걷지만 아이들이 스스로 자신만의 길을 당당히 걸을 수 있도록 격려해주는 그런 엄마 말이다.

엄마의 모습과 엄마의 역할을 구분해요

직장생활을 하기 위해 아이들을 1년 동안 친정 부모님이나 시댁에 맡겨야 하는 상황이 되면 엄마들은 스스로를 '무정한 엄마'라고 여기는 경향이 있다. 3살인 아이가 아직도 어린이집에 가지 않으려고 아침마다 떼를 쓰면 우리 아이만 뒤처진다고 걱정한다. 상황을 어떤 식으로 바꾸든 엄마에게는 항상 잘못된 일이 찾아오는 것이다.

그래서 나는 아이들에게 자신의 인생을 살기 위해 남들과 다르게 행동하는 건 잘못되지 않았다고 가르치려 한다. 엄마인 당신이 옳다고 여기는 것을 하자. 엄마가 하고 싶은 것을 하자. 자신의 열정을 불태울 수 있는 일을 하자. 그러면 그것으로 다 좋다!

아이들은 스스로의 선택을 믿는 어른으로 자라야 한다. 자신이 원치 않는 상황에서 "아니오!"라고 말할 수 있어야 하고, 자신의 생각에 언제든 찬성할 수 있는 어른이 되어야 한다. 스스로의 생각을 중요하게 여기는 사람이 되고, 자신을 의심하거나 화내는 사람들의 기를 단숨에 꺾어버릴 수 있는 사람이 되어야 한다. 이렇게 아이를 키우는 일은 매우 힘들다. 나도 그 사실을 분명히 알고 있다. 그러나 내가 부모로서 그렇게 아이를 키우기 위해 쏟는 노력이 가치 있다는 것을 확신한다.

나는 아이들이 도전 과제에 맞닥뜨리며 때론 실망하면서, 그러나 다시 일어나고 성취했을 때 기쁨을 누리는 모습을 본다. 날마다 아이들이 그렇게 자랄 수 있도록 감각을 예민하게 곤두세우는 일은 절대 간단한 일이 아니다. 그러나 아이들은 부모가 어떤 감정을 드러내고 어떻게 반응하는지를 보며 자란다. 부모가 아이들에게 어떻게 생각하고 살아야 하는지 보여주면 아이들도 어떤 부분에 관심을 기울이고 변화시켜야 하는지 느끼게 된다.

나는 슬프면 아이들 앞에서 운다. 아이들이 이유를 물어보면 자세히 설명해준다. 기쁠 때 내가 웃고 노래를 부르는 것처럼 슬플 때는 슬픈 이유를 아이들에게 설명한다. 나는 아이들이 어려운 감정들도 쉽게 다룰 줄 아는 어른이 되기를 바란다. 아이들이 스스로 어떤 존재인지 인정할 줄 아는 어른이 되기를 바란다. 그리고 그런 감정들을 인정함으로써 삶을 다채롭고 다양하게 만들 수 있다는 것을 아는 어른이 되기를 바란다.

아이들과 함께하는 삶에서 목표 생각해보기

아이들과 어떤 삶을 목표로 하는지 생각해보자는 린다의 질문은 매우 중요하다. 매일 스스로에게 물어볼 만한 가치가 있다.

함께 사는 것, 가족이라는 구조, 일상, 서로 다른 인간인 우리가 만든 다채로운 세상… 이 모든 것들은 끊임없이 변화한다. 우리가 살면서 따르고자 하는 많은 가치는 평생 우리와 함께한다. 이런 기본 가치들은 가정에서 배울 수 있다. 여기에 살면서 겪은 자신의 경험과 생각들이 더해지면서 스스로 추구하는 '이상적인 모습'도 그려진다.

주변을 자세히 살펴보자. 많든 적든 실제로 우리가 본받으려고 노력해볼 만한 이상적인 모범 사례들이 있다. 나는 예쁘고 완벽하게 가다듬은 가족 사진을 인스타그램에 올리고 싶어 한다. SNS 속 세상은 마치 꿈속의 세상처럼 보인다.

나는 이렇게 거품으로 가득찬 세상 한가운데서 예쁘게 보정한 가족 사진을 올리면서 한편으로는 아이들에게 "네가 보는 것을 전부 믿지는 마!"라고 말한다.

날마다 소비하는 미디어 매체 대신 자신의 삶을 들여다봐야 한다. SNS에서 보는 모습 대신 자신과 아이들의 모습을 보며 어떤 삶을 살고 싶은지 고민해보고, 그런 모습을 추구하며 살아야 한다고 말하고 싶다.

엄마인 나를 위한 선택을 합니다

행복한 육아를 하려면 엄마가 먼저 행복해져야 한다는 사실은 당연하다. 그러나 그런 생각만으로 육아를 하기는 절대 쉽지 않다. 우리가 대면하는 진짜 삶은 며칠 동안 제대로 잠을 못 자서 푸석푸석해진 얼굴, 아프다고 징징거리며 매달리는 아이, 깜빡 잊어버린 일정, 눌어붙은 찌개 같은 모습이다. 아름답게 보정된 인스타그램 속의 모습이 아니라 여과되지 않은 있는 그대로의 모습들 말이다.

나는 때때로 진짜 삶이 펼쳐지는 상황에서 거리를 두어야 한다고 생각한다. 상쾌한 바깥 공기도 필요하고, 고요함을 누리는 시간도 필요하다. 공간을 바꾸는 것만으로도 충분할 때도 있다. 나는 일상을 버텨내는 힘을 찾기 위해 가끔 2~3시간 정도 혼자 시간을 보낸다. 남편이나 아이의 할머니, 이웃, 친구, 베이비시터도 필요하다. 체력이 방전되었으니 충전을 해야 한다. 육아에 지친 내게 혼자 있는 시간이 필요하다는 사실을 알아차리기까지 수년이 걸렸다.

지금까지 나는 모든 것을 스스로 할 수 있고, 혼자서도 잘 해낼 수 있는 사람이라고 생각했다. 나는 목표를 이루는 과정에서 보람을 느끼고, 일을 통해 성장하고자 하는 사람이다. 나는 직장생활을 정말로 잘 해낼 수 있다. 일도 내 인생의 일부다. 그래서 육아도 혼자서 잘 해낼 것이라고 단정지은 것일까?

혹시라도 이런 생각을 가지고 있어서 다른 사람들의 도움을 받는 것이 문제라면, 완전히 방전되기 전에 도움이 필요하다는 사실을 못 알아차리는 것이 문제라면, 그것은 순전히 스스로와 관련이 있는 문제라는 점을 다시 한 번 기억해야 한다. 그리고 엄마인 자신을 위한 선택을 먼저 해보길 바란다. 엄마가 편해야 아이들도 가정도 편해진다.

지금 어떤 가치가 필요한지 생각해보세요

내가 가고자 하는 길이 어딘지 알아차리는 것이 어려우면 중요하게 여기는 가치 목록을 작성하는 것도 도움이 된다. 나는 시간이 나면 내가 중요하다고 생각하는 가치를 쓰고, 새롭게 우선순위를 정한다. 인내나 여유, 즐거움, 존경심 등 지금 시점에서 중요하다고 생각하는 가치는 항상 다르다. 그리고 어떤 가치가 중요한지 확실해지기까지 오랜 시간이 걸릴 수도 있다.

우리는 육아를 하면서 무의식적으로 수많은 가치들을 아이들에게 전하고 있다. 가치는 어찌 보면 여러 가지 길 가운데 하나의 길을 안내하는 안내판에 불과하며 사람에 따라 다르게 받아들이는 개별적인 것이다. 그리고 항상 변한다. 만약 아이가 태어나면 가족 구성원들은 새로운 과제들을 나눠 가지고, 모두가 나아갈 새로운 길을 찾는다. 가족 구성원 모두가 나서서 지금 우리 가족에게 필요한 가치가 무엇인지 적극적으로 판단하고, 그 가치에 따라 펼쳐진 길을 함께 걷는 것이다.

《말괄량이 삐삐》의 작가 아스트리드 린드그렌은 "아이로 산다는 것은 쉽지 않다. 절대로!"라고 말했다. 의심할 여지없이 그 말이 옳다. 아이에게 일방적으로 던지는 "잘못해놓고 안 그런 척하지 마!", "그렇게 하지 말랬지!", "빨리 이리 와, 안 그러면 엄마 혼자 갈 거야!"라는 말이 나오는 상황 이면에는 엄마와 다르게 생각하는 아이만의 중요한 가치가 분명히 있다고 생각한다. 엄마가 선택한 길과 다른 길이 하나 더 있는 것이다. 아이도 자신만의 옳다고 믿는 가치가 있다. 나는 아이가 스스로의 존재 그 자체로 생각하며 사는 것을 도와주는 엄마가 되고 싶다.

신체적으로 견딜 수 없는 한계에 이르면
칭얼대는 아이에게 제대로 신경을 쓸 수 없다.
그러니 건강한 영양소를 섭취해 몸의 균형을 유지하자.

소리지르는 육아 그만두기
4 단계

욱하는 원인
제거하기

아이에게 갑자기 소리를 지르거나 위협적인 행동을 하는 욱하는 육아를 그만두려면 먼저 그 원인을 알아야 한다.

자동차에 문제가 생겼다고 가정해보자. 이를 알려주는 깜빡이등을 무시하면 문제를 해결할 수 없다. 깜빡거리는 게 신경 쓰인다고 해서 깜빡이등을 부수거나 교체해도 자동차의 문제 자체가 해결되는 것은 아니다. 깜빡이등은 일종의 징후다. 원인이 바뀌지 않는 한 징후는 계속해서 주의를 끌며 깜빡거릴 것이다. 자동차에 생긴 문제의 원인을 찾아내고 제거하면 그때서야 비로소 깜빡이등은 깜빡임을 멈춘다.

마찬가지로 당신이 육아를 하며 욱하는 상황을 멈추고 싶다면 욱하는 원인이 무엇인지 살펴보고 원인 자체를 없애야 한다. 2단계에서 언급했듯이 설문조사와 수많은 심리 상담 대화를 바탕으로 어른들이 욱하는 원인을 크게 세 가지로 분류했다.

* 지나친 부담감
* 결핍이나 부족
* 충족되지 못한 기대

이번 단계에서는 보다 구체적으로 몸과 정신 다시 말해, 육체적·심리적 측면에서 욱하는 원인을 살펴보고자 한다. 몸과 정신은 따로 분리할 수 없어서, 서로 불균형을 이루면 바로 문제가 발생한다. 심할 경우 생명이 위독한 상태가 될 수도 있다.

몸은 때로 정신이 감당할 수 없는 한계를 만들기도 하지만 생각과 감정이 활기차게 살아나도록 해주는 그릇이 되기도 한다. 정신은 비교적 파악하기 쉽지 않은 어려운 개념이며 우리의 생각과 감정 또한 거대해 어디로나 뻗어나갈 수 있다.

사람마다 생각과 감정이 다르지만 어쨌든 당신의 생각과 감정이 어떤지가 가장 중요하다. 그것이 당신이 느끼는 지금 여기의 현실을 대변하기 때문이다.

몸은 지금 여기에 있다

지금 여기에서 절대적으로 존재하는 것은 몸이다. 생각과 감정은 지리적으로, 시간적으로 어떤 세기의 어느 세상에나 닿아 있을 수 있다. 또 기억을 되살려 과거의 감정을 느낄 때도 있다. 그러나 몸은 항상 지금 여기에 있고, 몸은 항상 여기에서 지금 반응한다. 때로 생각과 감정이 우리를 감쪽같이 속이더라도 몸은 우리 내부에서 일어나는 정신적·감정적 변화들을 밖으로 표출한다.

이처럼 정신이 몸을 통해 말하는 것을 학문적으로는 '정신 신체 의학'이라고 부른다. 화병처럼 정신적 원인이 가슴의 답답함이나 두통 같은 신체적 증상을 일으키는 현상을 보았을 것이다. 정신 신체 의학은 몸에 나타나는 병의 원인을 정신과 연결해서 연구하고 치료하는 학문이다.

심리적 부담감을 진지하게 여기지 않고 오랫동안 해결하지 않으면 빠르든 늦든 언젠가는 몸이 심각한 고통을 호소할 것이다. 몸은 에둘러 표현하지 않고 매우 직접적으로 표현하기 때문이다. 부정적인 감정을 머릿속에서 애써 부정하더라도 몸은 현재 우리의 상태가 어떤지를 분명히 알고 표현한다.

오래 전부터 이미 사람들은 정신이 몸에 영향을 미친다는 사실을 알고 있었다. 그렇기 때문에 심리적 요인이 신체에 영향을 주는 상태를 표현하는 비유들이 매우 많다. 대표적인 표현들을 몇 개 예로 들어보겠다.

* "목덜미를 잡힌 기분이야."
* "머리 뚜껑이 열리기 직전이야!"
* "입맛이 뚝 떨어졌어."
* "속에서 쓴 물이 올라올 지경이야."
* "위장이 뒤틀릴 것 같아."
* "간담이 서늘해."
* "발등에 불이 떨어졌어!"

오스트리아의 인스부르크 의과대학 교수이자 정신신경면역학 교수인 크리스티안 슈베르트(Christian Schubert) 박사는 "모든 신체적 질병에는 예외 없이 심리적인 요인이 중요한 역할을 한다"라고 했다. 그렇기 때문에 병원에서는 실험실에서 얻은 수치뿐 아니라 환자의 사회적 관계, 감정, 생각 등의 심리적 측면도 고려해 진단을 내리고 병을 치료한다.

당신이 처음 엄마가 되었을 때를 다시 떠올려보자. 아이가 잘 지내고 올바른 성장과 발달을 하려면 필요한 게 무엇일지 많은 생각을 했을 것이다. 이를테면 보편적으로 사람들이 아이에게 필요하다고 생각하는 것은 다음과 같다.

* 충분한 수면
* 신선한 공기
* 적절한 신체 활동
* 성장에 필요한 건강한 음식 섭취와 규칙적인 소화 과정
* 세심한 컨디션 관리
* 기후에 맞는 옷

이외에도 친밀한 스킨십, 세심한 보살핌과 안락함이 아이에게 중요하다고 여겼을 것이다. 또한 아이가 지루해하지 않도록 정신적인 자극을 주며 세상을 발견하게 하고, 유익한 것들을 배울 수 있게 돕는 오락거리도 떠올렸을 테다. 엄마가 된 당신은 아이의 욕구를 충족시켜주기 위해 모든 것을 준비하고 최선을 다했을 것이다. 그런데 스스로를 위해서는 어떤 것을 했는지 생각해보자. 엄마 자신에게도 신경을 쓰는지 말이다.

다음의 워크시트 질문들은 엄마가 스스로를 보살필 수 있는 방법이 무엇인지 한눈에 알 수 있도록 도움을 줄 것이다. 아울러 질문에 대한 대답을 바탕으로 당신이 추구하는 이상적인 가치에 조금 더 가까워지려면 필요한 것이 무엇인지도 살펴볼 수 있다.

• 워크시트

얼마나 자야 피로가 풀리는지, 지금 얼마만큼 잘 수 있는지 적어보세요.

신선한 공기를 마시면서 운동을 하나요?

균형 잡힌 영양소 섭취를 하고 있나요?

당신의 몸을 돌보는 데 어느 정도의 시간을 투자할 수 있나요?

- 자신의 몸을 얼마나 소중하게 다루고 있나요?

- 스스로를 편안하게 보살피고 있나요?

- 기쁠 때나 슬플 때 당신 곁에 있어줄 사람은 누구인가요?

- 당신을 활기차게 만들어줄 만한 것이 주변에 있나요?

어린 시절에 아쉬워했던 것에 매달리지 말고 벗어나자. 어른이 된 지금 어린 시절에 원했던 것들은 더 이상 충족될 수 없다. 아이였던 당신이 부모님에게 간절히 원했지만 받지 못했던 것들이 뿅 하고 나타나는 일도 없다. 당신이 지금 부모가 되어 아이에게 최선을 다하는 것처럼 당신의 부모님도 분명 할 수 있는 만큼 최선을 다했을 것이다.

한때 아이였던 당신은 어른이 되고 부모가 되었다. 오늘 무언가를 바로잡을 수 있는 사람이 있다면 그건 바로 당신 자신뿐이다. 당신에게 엄마 노릇을 해줘야 하는 사람은 아이도 아니고, 남편도 아니고, 다른 사람도 아니다. 육체적·정신적으로 당신이 잘 지내도록 보살피는 일은 오직 당신이 해야 하는 일이고 당신의 책임 아래에 놓여 있다.

실제로 사람들은 대부분 어른이 되어서야 비로소 다른 사람들과 원만한 관계를 형성할 수 있게 된다. 원만한 인간관계를 위해서는 서로에게 너무 의존하지 않아야 한다. 특히 어느 한쪽이 의존적이면 절대 좋은 관계를 형성할 수 없다.

몸, 즉 육체적인 측면과 관계에 대해 조금 더 자세히 다뤄보겠다. 앞으로 욱과 관련해 가장 많이 언급된 육체적 원인과 문제를 어떻게 다룰 것인지 살펴볼 예정이다.

몸이 부담을 느끼면 어떤 일이 벌어질까?

몸이 스트레스를 받으면 땀이 흐르고 심장이 두근거리며 맥박이 빨라진다. 숨소리는 가빠지고 움직임이 산만해지는 등 여러 반응이 일어난다. 골목 끝에서 날카로운 이빨을 가진 표범이 숨어 있는 것을 봤을 때처럼 위급 상황에 빠진다. 이때 우리는 공격을 하거나 도망을 쳐야 한다.

스트레스를 받으면 신경 조직은 매우 긴장한다. 여기에 자극이 더해지면 더 이상 견딜 수 없게 되어 순식간에 폭발적인 반응이 나타난다. 부담을 느껴 민감해진 몸이 보이는 논리적인 결과물이 바로 과민반응이다. 긴장이 지속되면 상황은 더욱 나빠진다.

> "저는 정말로 이것저것 신경을 많이 써야 돼요. 모든 것을 거의 혼자서 해요. 남편은 일이 힘든 편이라 일찍 나갔다 늦게 들어와요. 집에 있는 시간에는 거의 잠만 자고요. 저는 임신하고, 아이를 낳고, 젖을 물리고, 밤에 아이를 달래는 일만 한 게 아니에요. 몇 년 동안 가게를 운영하며 가게에서 일어나는 모든 일을 관리하고 담당했죠. 쉬지도 못하고 일했어요.
>
> 그러다 보니 몸이 피곤한데도 쉽게 잠들지 못하는 수면 문제가 생겼어요. 아침에 일어나면 바퀴가 빠져서 탈선한 기차가 된 것

같은 느낌이 듭니다. 머리가 아파서 사람들이랑 이야기를 나누는 자리를 견디지 못할 정도예요. 아이들 중 하나만 삐딱하게 굴어도 평정심을 잃어버립니다."

- 할 일이 많아 피곤한 엄마 S

몸이 하는 말을 주의 깊게 들어야 한다. 몸은 지금 당신에게 필요한 것이 무엇인지 말하는 중이다. 몸과 정신의 연관성을 인식한 의학의 창시자 히포크라테스(Hippokrates)는 건강한 몸과 정신을 위해 다음과 같은 권고 사항을 제시했다.

* 건강한 음식을 먹고 마셔라.
* 신선한 공기를 많이 마셔라.
* 운동을 하고 몸을 움직여라.
* 몸의 자가 치유 능력을 이용하라.
* 몸의 밸런스를 유지하라.

히포크라테스가 살던 시대가 지난 지 2,000년 후에도 위의 권고 사항 중 변한 것은 아무것도 없다. 이 시대를 사는 사람일지라도 건강한 몸과 정신, 그리고 둘 사이의 균형을 위해 히포크라테스의 권고 사항을 따르는 것이 좋다.

영양소 섭취는 어떻게 하는 게 좋을까?

우리가 평소 먹는 정크 푸드는 모든 게 빨라야 하는 시대에 아주 적합하다. 놀랍게도 현대의 사람들은 배불리 먹고 있지만 건강에 좋지 않은 음식을 섭취하고 있어서 대부분 영양 불균형 상태라고 한다.

특히 설탕이 문제다. 설탕은 단시간에 많은 에너지를 공급하지만 에너지가 오래 지속되지 않고 영양소가 없어, 몸이 설탕을 더 많이 요구하도록 만든다.

다양한 장기와 세포를 제대로 기능시키려면 생명력 넘치는 영양소가 필요하다. 비타민과 미네랄, 필수 지방산과 아미노산, 식이섬유 등 말이다. 날마다 이런 영양소를 몸에 채워 넣어야 한다. 그래야 신체의 균형을 제대로 유지하고, 에너지와 힘을 얻고 삶을 지속할 힘을 얻는다.

아울러 몸은 70%가 수분으로 구성되어 있기 때문에 생명 현상을 유지하려면 물을 자주 마셔야 한다. 갈증을 해소하기 위해 선택해야 할 것은 물이어야 한다. 가슴에 손을 얹고 말해보자. 물보다는 오히려 커피, 음료수, 술을 더 마시지 않는가? 우리 몸에는 커피나 음료수, 술이 아니라 물이 필요하다.

건강은 장에서 시작된다

장이 건강해야 신체의 건강도 유지된다는 인식은 오래되었다. 장에는 고도로 발달된 재생 방어 시스템이 있다. 몸으로 유입된 이물질들은 장에서 걸러지고 몸 밖으로 배출된다. 신진대사 기능을 잘 유지하려면 다음과 같은 제안을 따르는 것이 좋다.

* 채소를 많이 섭취한다.
* 영양가가 높은 탄수화물(통곡물)을 섭취한다.
* 설탕과 지방은 적게 먹는다.
* 동물성 단백질보다는 식물성 단백질을 먹는다.
* 많이 움직이고 신선한 공기를 마신다.
* 매일 최소 2L의 물을 마신다.
* 방부제가 들어간 음식을 피한다.

가공식품을 만드는 회사와 음료 제조사는 가공식품과 청량음료를 먹고 싶게 만든다. 매혹적인 광고로 가공식품과 청량음료를 더 많이 소비하게 하고, 요리보다는 다른 일에 더 많은 시간을 할애하게 하고, 더 많은 즐거움을 누리라고 속삭인다.

유혹에 흔들리지 말고 평소 자신의 몸에 어떤 연료를 제공하는지 정확히 따져봐야 한다. 마그네슘이나 아연, 셀레늄, 비타민 B,

비타민 D처럼 몸에 활력을 주는 영양소의 결핍, 정크 푸드를 먹는 불량한 식습관이 일으킨 소화불량, 운동 부족은 다음과 같은 결과를 초래할 수 있다.

* 피로감, 무기력함, 신체 능력 저하
* 침울한 기분
* 집중력 저하, 건망증
* 무관심, 의욕 상실
* 신경과민, 불안
* 수면 장애
* 두통, 편두통
* 신경 손상, 근육 약화
* 점막 손상
* 시력 장애
* 면역력 약화, 감염 위험성 증가
* 온갖 종류의 통증

이런 결과는 영양소 섭취가 부족하면 나타나는 신체적·정신적 징후의 일부일 뿐이다. 신체적으로 더 이상 견딜 수 없는 한계에 이르면 아이가 칭얼대거나 떼쓰는 등 스트레스 상황이 발생했을 때 침착하게 대처할 수 없다. 그러니 건강한 영양소를 섭취해 몸과 정신의 균형을 잘 유지해야 한다. 체력이 뒷받침되어야 육아를 할 때도 쉽게 지치지 않고, 스트레스받지 않게 된다.

1. 견과류를 식사 사이사이에 먹는 것도 영양가 높은 에너지원을 섭취하기 좋다. 그리고 급한 허기를 달래줘 공복감 때문에 신경이 예민해지는 일을 막는다.
2. 과일이나 채소로 만든 주스는 몸의 해독 과정을 돕는다.
3. 코코넛 오일 등의 식물성 오일을 섭취하면 체내의 독소를 제거할 수 있다.
4. 간헐적 단식(16시간 동안 음식 먹지 않기, 8시간 동안 일상적으로 식사하기)은 손상된 세포 조직을 복구하는 데 도움이 되며, 몸에 쌓인 노폐물을 청소하는 데 좋다.

지금 정확히 따져보고 점검해야 할 것은 무엇인지 살펴보자.

- 영양소 섭취 측면에서 구체적으로 개선할 점은 무엇인가요?

- 그대로 두는 게 더 좋은 것은 무엇인가요?

- 앞으로 어떻게 영양소를 섭취하면 좋을까요?

지나친 미디어 소비는 독약을 마시는 것과 같다

결핍 현상과 유사한 결과를 초래하는 중독 현상에 대해 말해보겠다. 여기서 중독이란 전자파처럼 공개적인 장소에서 우리에게 영향을 주는 환경적인 요인을 가리킨다.

오늘날 그 누구도 전자파로부터 자유로울 수 없다. 우리는 언제든 온라인에 접속할 수 있다. 송신탑은 거의 모든 곳에 세워져 있으며, 지하실에서도 전파 수신이 잘 된다. 집에서 인터넷을 차단해도 이웃집의 무선 공유기를 통해 인터넷에 접속할 수도 있다. 그리고 전자파가 인간에게 부정적인 영향을 끼친다는 사실은 더 이상 비밀이 아니다.

미디어 중독은 설탕 중독, 약물 중독과 다를 게 없다. 미디어에 중독되면 다시 벗어나기 어렵다. 깊은 산 속에 들어가 혼자 사는 것처럼 극단적인 상황이 아닌 이상, 미디어 세상은 현실로부터 시선을 돌리게 만든다. 동행한 사람이 있어도 함께 시간을 보내는 와중에 휴대폰을 보는 행동을 하는 것처럼 미디어는 사람들과의 관계를 단절시킨다.

누군가 함께 있는 동안 식탁에서 휴대폰을 만지면 사람들은 이 행동을 자신에 대한 무관심으로 받아들인다. 아이들의 경우도 마찬가지다. 게다가 아이들은 휴대폰 같은 전자기기를 오락을 위한 도구로 여기기 때문에 아이들과 함께 있을 때 당신이 휴대폰을 보면 아이들은 '일이 바쁜가보다'라고 이해하지 못한다. 아이들은 이런 행동을 엄마아빠가 자신에게 관심이 없어서 하는 행동으로 받아들인다.

그러면 부모는 어떻게 해야 할까? 아이를 위해 함께하는 시간에는 가급적 아이에게 집중하고, 미디어를 소비하는 시간을 정하는 것도 도움이 될 것이다. 유혹이 있겠지만 휴대폰이나 인터넷, TV가 없어도 살 수 있다. 전혀 사용하지 말아야 한다는 것은 아니다. 독약과도 같은 미디어를 얼마만큼, 또 얼마나 자주 소비할 것인지를 신중하게 생각해보자는 말이다. 어렵지만 이는 분명히 어른인 부모가 해야 하는 일이다.

1. 밤에는 인터넷을 끈다. 잠을 자는 동안 몸이 휴식을 취하고 에너지를 회복할 수 있게 해야 한다. 게다가 아이들은 어른들보다 전자파에 더 민감하다.
2. 하루에 2회 이메일을 체크하는 것으로 충분하지 않은지 생각해보자. 누군가 나에게 급한 문자를 보냈는지 확인하는 것은 2시간마다 휴대폰을 보는 것만으로 충분하다. 인터넷에 접속하고 휴대폰을 보는 정도와 횟수를 적당히 줄이자.

엄마의 체력 먼저 돌보기

당신이 엄마가 되기로 결정했을 때 '내가 엄마가 되어 과연 일상에서 마주칠 수많은 문제들을 지금의 체력으로 잘 이겨낼 수 있을까?' 하는 의구심이 들었을 것이다.

시어머니는 옛날 옛적에는 다 엄마 혼자서 애를 키웠다고, 그렇게 엄살 부리지 말라고 할지 모른다. 친정 엄마도 자기 때는 애 키우는 일로 소란을 피우지도 않았고, 다른 일을 하면서도 아이들을 잘 키웠다고 말한다. 인스타그램을 들여다보면 아이들을 돌보며 회사의 업무도 집안일도 척척 잘 해내는 엄마들의 모습을 볼 수 있다. 그 사진들을 보면 '저 엄마들은 정말 멋지네. 나처럼 아등바등 사느라 지쳐 보이지도 않고'라는 생각이 든다.

임신 기간과 수유기를 거쳐 항상 아이들을 몸에 붙여놓은 듯 안고 업고 돌보는 시기까지, 더 나아가 엄마라는 존재로 불리고 있다면 자신의 몸 건강을 절대 소홀히 해서는 안 된다. 제대로 잠을 못 자고 온몸의 신경이 예민한 상태에서는 아이들을 상냥하게 대하고 평정을 유지하기 힘들다.

스스로에게 지나치게 엄격하거나 까다롭게 굴지 말고, 육아를 하느라 완전히 녹초가 되었다는 사실을 인정하자. 당신의 몸은 지금 한계에 처해 있다고 호소하는 중이다. 몸이 하는 말을 들어야 한다. 몸이 보내는 신호를 진지하게 받아들이고 귀를 기울이자.

"저는 수년간 몸을 혹사시켰어요. 앉아서 일을 했고, 항상 스트레스를 받았고, 운동은 거의 하지 않았죠. 사실 운동을 할 시간이 전혀 없었어요. 밖으로 나가서 햇빛을 쐬는 일도 거의 없었어요. 땅굴에 처박힌 두더지처럼 살았죠. 먹는 것도 부실했어요. 이 기간 동안 애를 둘이나 낳았다는 것이 믿기지 않을 정도예요. 오랫동안 그럭저럭 잘 지내기는 했어요. 제가 아프기 전까지는 말이에요. 하지만 저는 다른 사람들이 저처럼 건강을 잃기를 바라지 않아요. 제가 제 몸을 소중하게 여기는 것이 얼마나 중요한지를 아프고 나서야 깨달았어요. 저는 무적의 인간이 아니더라고요."

- 두 아이를 둔 엄마 K

스스로에게 언제든 임무를 해낼 준비가 되어 있고, 앉은 자리에서 모든 요구를 뚝딱 해내고, 정밀한 기계처럼 몸이 움직일 것이라고 기대하지 말자. 아이들이 항상 말을 잘 듣고 엄마를 힘들게 하지 않을 것이라는 기대도 그만두자. 아이들은 엄마의 기대대로 행동하지 않는다. 엄마는 녹초가 되었는데 잠을 안 자려고 뛰어다니고, 아파서 침대에 누워 있는데 계속 엄마를 찾고, 하루 종일 아무것도 먹지 못하다가 겨우 끼니를 때우려고 준비한 소시지빵을 날름 먹어버리는 행동을 하는 것이 아이들이다.

당신이 스스로를 돌보지 않는데 아이들이 엄마를 배려하리라 고 기대하지 말라는 소리다. 아이들은 당신이 어디까지 참을 수 있는지 안다. 그리고 아이들은 엄마가 한계에 부딪혀 소리지르는 상황을 그저 보통의 상황이라고 여긴다.

당신에게 필요한 것이 무엇인지 명확하게 말하고 어떤 상태인지 솔직하게 말하자. 무엇을 원하고 무엇을 원하지 않는지 말하자. 바로 그때그때 말하는 것이 가장 좋다. 그러다 보면 자신이 좋아하는 것이 무엇인지 더 잘 알게 된다. 그리고 언제 한계에 부딪히는지도 알게 된다.

몸이 보내는 신호를 알아차려야 한다. '지금 그걸 끝내야 돼' 또는 '완벽할 때까지 계속 할 거야'와 같은 생각으로 몸이 보내는 신호를 억누르지 않아야 한다. '나는 언제 피곤함을 느끼지?', '언제 쉬어야 할까?', '지금 나한테 부족한 것은 뭐지?'에 대한 질문을 스스로에게 하고, 질문에 대한 답을 평소에 잘 실천할수록 아이들도 엄마를 배려하는 법을 배운다.

하루에 한 번은 스스로를 위해 평화로운 순간을 만들자.

당신이 바꿀 수 있는 것이 있다면 지금 당장 바꿔보자. 그러기 위해 가장 먼저 해야 할 일은 '말끔하게 비워내 것', 그러니까 에너지와 시간을 빼앗아가는 잡동사니를 치우는 일이다.

인생의 잡동사니를 치우는 미니멀리즘

더 이상 필요 없는 낡은 습관, 물건, 사람, 아이디어에서 벗어나면 해방감을 느낀다. 살면서 물건이든 생각이든 너무 많은 것은 때로 부담이 될 수 있다. 그렇기 때문에 "당신의 인생에서 잡동사니를 치우자"라고 말하고 싶다.

우선 다른 사람의 기대에서 벗어나야 한다. 자신의 고정관념에서도 벗어나고, TV나 인터넷 등 시간을 잡아먹는 미디어 매체에서도 벗어나자. 같이 있는 것만으로도 기운을 쏙 빠지게 하는 '에너지 뱀파이어'같은 사람에게서 거리를 두자. 집 안 가득 쌓인 물건들도 비우자.

생산적인 결과가 아예 없는데도 에너지와 시간을 앗아가기만 하는 사람과 물건, 생각들의 의미와 필요성을 따져보자. 자신이 원하는 것과 욕구를 구분하고 우선순위를 정하자. 그러면 당신에게 앞으로 더 이상 필요 없는 것들이 무엇인지 알 수 있을 것이다.

• 워크시트

✓ 혼자 도맡은 집안일처럼 더 이상 원하지 않는 것은 무엇인가요?

✓ 무엇이 달라졌으면 하나요? (예. 주중 하루는 오전에 자유 시간 갖기, 부부가 규칙적으로 함께하는 시간 만들기, 2주에 한 번은 청소 도우미를 부르기)

✓ 어떤 것을 지금 이대로 유지하고 싶은가요? (예. 남편, 좋은 기분)

"청소 도우미를 부른 이후로 저의 스트레스가 팍 줄었어요. 물론 경제적으로 조금 부담스럽긴 하지만 우리 가족 모두를 위해 가치 있는 선택이었어요! 더 이상 집이 더럽다고 남편이나 아이들에게 짜증내지 않아도 되었고요. 예전보다 결벽증도 많이 나아졌고, 정리정돈을 해야 한다는 강박관념에서도 벗어나 조금 느긋해졌어요."

- 청소에 지친 엄마 L

다음의 표에 당신이 책임지고 있는 부분이 무엇인지 한눈에 알아볼 수 있도록 목록을 작성해보자. 그리고 정말로 그 일을 무조건 당신이 해야 하는 일인지 곰곰이 생각해보자. 아니라면 잡동사니를 버리듯 치워버린다.

또 할 일 목록을 만들고 당신이 꼭 직접 해야만 하는 일인지 생각해보고 남편과 아이들, 청소 도우미 같은 사람에게 맡길 수 있는 일인지도 살펴보자. 이 목록은 가정 내에서 각자 맡은 책임이 올바르게 분배되었는지 알려주는 척도가 되어줄 것이다.

나	남편	아이들
파트타임으로 주에 20시간 근무	주 5일 전일제 직장 근무	학교
생필품 구매		깨끗한 옷을 옷장에 정리
요리		
청소, 정리	쓰레기 내다 버리기	설거지 그릇 정리
빨래, 다림질		
아이들 등·하원		
아이들 숙제 돕기		

영혼을 다시 자유롭게 하라

인간의 뇌는 일차적으로 생존에 관련된 신체의 모든 과정을 관리하는 중앙 조정실의 역할을 한다. 그중 전두엽은 무언가에 대해 심사숙고하고, 계획을 짜고, 이성적으로 행동하는 등의 일에 관여한다. 그런데 우리는 자극적인 정보들이 말 그대로 폭탄처럼 쏟아지는 세상에 살고 있다. 필요한 정보도 많고 전혀 쓸모없는 정보도 많다. 이런 정보들을 받아들이는 머리는 금방이라도 터질 듯하다. 그렇지 않은가?

할 일 목록 만들기

나	남편	아이들

의학적으로 눈은 뇌에 속한다. 예를 들어 TV나 컴퓨터, 휴대폰 화면을 통해 받아들인 정보는 눈을 통해 뇌로 직접 들어간다. 전자파를 내뿜는 푸르스름한 화면을 보며 몇 번 눈을 깜빡거리면 정보 유입 완료 상태가 된다. 오랫동안 전자기기의 화면을 쳐다보면 눈은 피곤해지고, 정신은 둔해지며 혼미해진다는 것을 느낄 수 있다. 아이들은 이런 현상에 더욱 예민하다.

이렇게 미디어 매체를 통해 정보를 수집하지 않아도 뇌에는 이미 정신적 차원에서 쓰레기라고 부를 만한 잡동사니가 잔뜩 쌓여 있다. 정보를 분류하고 처리하는 것도 중요하지만 때로는 불필요한 정보, 즉 뇌 속 쓰레기를 없애야 한다.

> "전날 밤에 다음날 처리할 문제 때문에 신경을 쓰다가 잠을 제대로 못 자면 다음날 너무 피곤해서 문제를 해결할 수 없다."
>
> \- 라이너 하크(Rainer Haak)

공포 영화나 유튜브, 게임은 전혀 의미 없으면서 정신에 막대한 악영향을 주는 쓰레기를 만들어낸다. 사람들의 관심을 끌어 클릭하게끔 만든다. 그리고 이들을 소비한 후 실제로 남는 것은 '엄청난 쓰레기 더미 앞에 어리둥절한 모습으로 서 있는 나'뿐이다.

어떤 사람들은 TV를 보면 긴장이 완화된다고 주장한다. 그러나 이는 거짓말이다. 몸은 소파에 누워 있지만 우리의 정신은 화면에서 벌어지는 스토리를 따라가며 열중하고 있기 때문이다. 몸은 언제나 그랬듯이 현재 지금 여기에 있지만 당신의 정신은 시간적으로, 공간적으로 TV 속의 세상에 들어가 있다. 몸과 정신이 같은 시간, 같은 공간에 있지 않고 따로 분리된 셈이다. 이런 상황에서 긴장이 완화될까? 긴장을 완화시키려면 어떻게 해야 할까?

정신적인 부담 줄이기

당신에게 정신적인 부담을 줄 수 있는 일들을 구체적으로 나열해 보겠다. 다음의 예를 살펴보고 자신에게 과도한 정신적 부담을 주는 일을 가능한 줄여보자.

- 정보가 너무 많아서 해결해야 할 일도 많은 상황
- 자녀교육에 대한 신념
- 고정관념
- 부담이 되는 생각
- 해결해야 할 문제
- 가치 평가
- 도덕적이고 윤리적인 토론
- TV와 같이 외부에서 받은 자극과 그 때문에 유발된 감정

쓰레기 피하기

가능한 정신적인 쓰레기를 피하자. 무엇보다 좋은 방법은 처음부터 우리의 뇌로 쓰레기가 아예 들어오지 못하게 차단하는 방법이다. 그러면 나중에 쓰레기를 치우려고 애쓸 필요가 없다. 따라서 '에너지 뱀파이어' 같은 사람이나 TV나 컴퓨터, 휴대폰 등의 미디어 매체를 멀리하자. 자신에게 좋은 것이 무엇이고 좋지 않은 것이 무엇인지는 스스로도 정확히 알 것이다.

> "저는 몇 년 전부터 신문을 안 읽고 있어요. TV로 뉴스도 안 보고요. 꼭 알아야 하는 정보는 어차피 알게 돼요. 제가 알고 싶은 것, 정확히 알고 싶은 것만 인터넷으로 검색해서 찾아봅니다. 저는 학교에 다닐 때 TV를 너무 많이 보느라 다른 것들을 경험할 시간이 없었어요. 하루 종일 영화만 보기도 했죠. 그런 사람들이 꽤 많을 거예요. 지금 저는 신문을 안 읽고 뉴스도 안 보지만 예전보다 훨씬 잘 지내고 있어요."
>
> **- 미디어 매체를 멀리하는 직장인 N**

뚜렷한 의식 갖추기

다른 사람이든 미디어 매체든 외부의 영향을 모두 차단하고 피할 수는 없다. 그렇기 때문에 자신에게 나쁜 것이 무엇인지, 언제 어디서 그것들을 마주하게 되는지를 뚜렷이 의식하며 살아야 한다. 그러면 제때 그것들을 물리칠 마음의 준비를 할 수 있고, 보다 명백히 선을 그을 수 있다. 게다가 부정적인 영향을 미치는 외부 자극들이 뇌로 들어오는 일을 가능한 막을 수 있다.

> "만약 어떤 사람이 이상한 논리로 저와 토론을 하려고 도발할 때 응하고 싶지 않으면 저는 그 사람에게 "재밌는 의견이네요!" 라고 말해요. 그가 계속 말하면 그저 고개를 끄덕이죠. 세미나에 참여했던 사람이 저한테 그렇게 해보라고 충고해줬어요. 저는 마음속으로 차단해버리고 싶은 사람이 있으면 그냥 그 사람이 자신의 의견을 말하도록 내버려두는 편이에요. 다른 사람과 항상 같은 의견일 필요는 없으니까요. 그런데 놀랍게도 사람들은 말하게 내버려두면 알아서 곧 조용해지더라고요."
>
> **- 부정적인 의견을 현명하게 차단하는 직장인 R**

명상과 운동하기

명상은 주의를 기울이고 집중하는 과정에서 우리의 지친 정신을 달래준다. 명상의 목적은 머리를 쉬게 하고, 안락하며 평화롭게 만드는 데 있다. 머릿속에는 많은 생각들이 들어오고 나간다. 하늘을 지나가는 구름처럼 그 생각들이 스쳐지나가게 하자. 삶에서 중요한 것은 '여기' 그리고 '지금'이다.

방법은 많다. 그룹 명상, 개인 명상, 주제별로 오디오가 곁들여진 명상, 긴장을 완화하는 음악을 틀고 하는 명상, 음악이 없는 명상, 파도 소리를 들으며 하는 명상 등 원하는 방법을 찾아 명상을 해보자. 긴장을 완화시키고 주의력을 높이면 정신을 맑게 하는 데 도움이 된다.

한편 운동은 몸의 깨졌던 균형을 다시 바로잡는 데 큰 도움을 준다. 아주 간단하다. 자연으로 나가면 된다. 걷는 것이 가장 좋다. 발을 딛고 선 땅과 접촉해보자. 걷는 데 익숙해졌다면 본격적으로 운동을 해보자. 적어도 매일 만보를 걷는다. 세계보건기구(WHO)에 따르면 만보 걷기가 건강을 유지하는 데 좋다고 한다.

요가도 추천한다. 요가는 목표 지향적인 움직임과 호흡, 명상을 연결시킨다. 다른 운동을 찾아도 된다. 몸과 마음, 호흡이 조화를 이루게 하고 활력을 불어넣어줄 수 있는 운동이라면 무엇이든 괜찮다. 웨이트 트레이닝처럼 지구력을 키워주는 운동도 머리를 식히기 좋다. 신선한 공기를 맡을 수 있는 야외에서 운동하면 효과는 더욱 클 것이다. 숲속의 나무들은 정신 건강에 좋은 피톤치드와 같은 물질들을 내뿜는다. 자신에게 적합한 운동을 찾을 때까지 다양하게 시도해보자.

부족함 받아들이기

결핍이 신체적·정신적 원인으로 인한 것인지 제대로 구분하기는 상당히 어렵다. 원인과 결과가 서로에게 긴밀히 영향을 주기 때문이다. 수면 부족은 신체적 원인 때문에 생길 수 있고, 발생하면 신체적인 면에 영향을 끼친다. 또 정신적인 영역에도 많은 영향을 준다. 반대로 정신적 불안정 때문에 수면 부족 현상이 나타날 수도 있다. 이번에는 정신적 결핍에 대해 집중적으로 이야기해보겠다.

사람들은 매일 많은 생각을 한다. 이들 중 대부분은 반복되는 생각이다. 긍정적이든 부정적이든 하나의 생각은 다른 생각으로 이어지고, 또 다른 생각으로 뻗어나간다. 긍정적인 생각이라면 그나마 다행이다. 그런데 부정적인 생각이 머릿속에서 회오리처럼 맴돌면 어떻게 생각을 멈춰야 할까?

우선 자신의 부정적인 생각들을 모두 사실적으로 직시해야 한다. 다음의 지침 중 따라 할 수 있는 것들을 시도해 부정적인 생각을 그만두는 노력을 해보자.

* 극대화시킨 사소한 일들 제대로 바라보기
* 내가 옳다고 고집하지 않기
* 자신에게 솔직하지 않거나 핑계거리 찾는 일 그만두기
* 나를 생각해주지 않는 사람들이 하는 조언 멀리하기

* 나를 잘못된 방향으로 이끄는 직감 무시하기
* 내가 이룬 결과에 너무 높은 의미를 부여하지 않기
* 항상 완벽하려는 시도 그만두기
* 다른 사람, 나보다 나은 사람과 비교하지 않기
* 답 없는 문제들에 집중하지 않기
* 미래에 벌어질지도 모르는 일에 대해 걱정하는 것 그만두기
* 과거의 안 좋은 경험에 얽매이지 않기

수년 전부터 육아 분야에 등장한 '욕구 지향적', '애착 육아', '버릇없는 아이 바로잡기', '결속 지향적 관계 추구하기' 등의 단어들을 한 번쯤 들어보았을 것이다. 물론 이런 육아 흐름은 당연히 좋다. 이 책에서도 이를 지향한다. 특히 나는 관계 지향적인 측면을 강조한다.

다만, 부모에게 직접 교육 전문가가 되라고 권하지 않는다. 부모는 교육 전문가가 아니고 아이에게 완벽한 육아만 할 수는 없다. 그런데 어쩌면 당신은 스스로에 대한 기대를 너무 높이 설정해 정신적으로 부담을 느끼고 있는지도 모른다. 끊임없이 다른 사람과 자신을 비교하면서 자신의 능력이 부족하다고 느끼면 결국은 쉽게 지치게 된다.

부모를 육아 포기 상태로 이끄는 데는 미디어도 한몫한다. 예를

들어 인스타그램이나 페이스북, 블로그 등의 가상 세계에 올라온 다른 부모의 모습을 보면서 당신은 다른 엄마들과 자신을 시도 때도 없이 비교할 것이다. 그러다 좌절하고 자존감마저 상실하게 될지 모른다.

> "초능력이 있는 것처럼 뭐든 잘해내는 엄마들, 아이에게 상냥하게 메시지를 전달하는 엄마들을 인스타그램에서 보고 엄청난 좌절을 느꼈어요. 제가 실패자가 된 기분이 들었죠. 스스로가 사랑스럽지도 못하고, 예쁘지도 않고, 육아에 서툰 엄마 같았어요. 이 세상에서 제가 가장 엄마로서 꼴찌인 것처럼 느껴졌어요. 견딜 수 없어서 인스타그램을 비롯한 SNS를 그만뒀어요."
>
> **- SNS를 그만둔 엄마 T**

SNS나 미디어의 영향으로 생겨난 외모지상주의처럼 육아에서도 이와 비슷한 분위기가 형성될 수 있다. 그러면 순식간에 비참한 심정이 될 수 있다. '나는 아이를 이렇게 가르쳐야 돼', '나는 지금과는 완전히 다른 방법으로 아이를 키워야 돼' 같은 생각 때문에 평정심을 유지할 수 없기 때문이다. 또 다른 사람과 비교하고 그들처럼 육아를 할 수 없다고 판단해 자신의 능력을 의심하면 자존감이 떨어지기도 한다.

"긴장을 풀고 아이들과 함께 즐기자. 그렇게 하는 것이 자신을 위해, 아이들을 위해 할 수 있는 가장 좋은 방법이다."

- 예스퍼 율

당신은 언제나 최선을 다하는 좋은 엄마다. 그저 당신이 해야 한다고 여기는 일들의 목록을 작성하자. 그리고 다음날 아침에 다시 한 번 목록을 보고 묵묵히 할 일을 하면 된다. 그것이 아이와 엄마인 자신을 위한 최선의 육아법이다.

가치 평가와 해석 줄이기

가치를 평가하는 목적은 상황을 판단하려는 데 있다. 예를 들어 어떤 공간에 발을 들여놓았을 때 그 공간이 안전한지, 즉시 몸을 돌려 나가는 것이 더 좋은지를 판단하듯 말이다. 눈앞에 닥친 문제 상황을 극복하려면 어떤 수단을 적용해야 하는지 판단을 내려야 한다. 그런 목적으로 하는 가치 평가는 의미가 있다.

그러나 대부분의 가치 평가는 오히려 부정적인 결과를 낳는다. 특히 다른 사람에 대한 평가, 아이들에게 내리는 평가는 대부분 불필요하고 관계를 원만하게 만들어주지도 않는다.

"칭찬도 일종의 가치 평가입니다. 아이들에게 평가를 내리는 듯한 칭찬도 하지 말아야 한다는 점을 깨닫자마자 저는 칭찬을 그만두었어요. "아주 잘했어", "정말 예쁘게 그렸네!" 같은 칭찬을 해주는 게 당연했기 때문에 처음에는 아이를 칭찬하지 않는 상황이 어색하고 쉽지 않았어요. 그런데 평가하듯 칭찬하는 말을 하지 않는 것이 이제는 제법 익숙해졌어요."

- 평가하듯 칭찬하는 걸 멈춘 엄마 D

신뢰할 만한 평가는 아이들에게도 부모에게도 좋다. 하지만 항상 평가를 남발하면 그게 칭찬이든 꾸짖음이든 가치가 없고 신빙성이 전혀 없는 말이 된다. 그런 평가가 필요한 사람은 없다. 해석도 마찬가지다. 자신이 인지한 것을 모두 해석할 필요는 없다. 상황을 해석하는 관점은 굉장히 다양하기 때문에 해석의 영역도 방대해진다. 그만큼 당신의 해석이 적중할 가능성도 낮다.

어떤 사람들은 직업적인 이유로 해석하고 평가하는 일에 익숙하다. 하지만 평가와 해석은 모든 삶의 영역에서 좋게만 작동하지 않는다. 관계 문제에서는 더더욱 그렇다. 가능한 해석과 평가를 적게 하라고 권하고 싶다. 평가와 해석을 그만두고 다른 시각에서 바라보면 그동안 미처 보지 못했던 새로운 면을 발견할 수 있고, 다른 사람에게 공감할 수도 있게 된다. 그러면 어렵게 보이는 갈등이나 문제 상황도 깔끔하게 해결될 수 있다.

고정관념 점검하기

어떤 사실은 고정관념으로 얼키설키 짜인 것 외에 아무것도 아닌 것일 때가 있다. 때로는 고정관념 때문에 분명 직접 겪은 경험인데도 사실과 다르게 왜곡해서 받아들이기도 한다. 고정관념은 무의식적인 생각이다. 자신과 인간, 세상에 대한 모습을 인식하는 기준이 된다. 고정관념 때문에 자신의 결정이나 행동, 경험이 인식된다는 뜻이다. 우리는 고정관념으로 자신만의 현실을 만들어낸다.

고정관념 때문에 정신적으로 스트레스를 받을 때가 있다. 예를 들어 완벽주의 성향이 있거나 모든 사람을 만족시키고자 하는 일종의 고정관념이 있으면 문제가 발생한다. 사람에게는 많든 적든 고정관념이 있다. 고정관념 자체는 나쁘지 않다. 어떤 일을 하도록 동기를 부여하기도 한다.

문제는 고정관념을 지나칠 정도로 따르려고 했을 때 발생한다. 곧이곧대로 자신의 고정관념을 적용해 스스로와 주변 사람들을 미치게 만드는 경우처럼 말이다. 따라서 우리는 고정관념이라는 극단적인 정신적 경직 상태에서 벗어나야 할 필요가 있다.

고정관념에서 벗어나려면 먼저 구체적으로 자신에게 어떤 고정관념이 있는지 파악해야 한다. 그리고 경우에 따라 새로운 고정관념 즉, 신념을 세워야 한다. 아주 오랫동안 같은 길을 달리면 길이 움푹 패는 것처럼 당신의 뇌에 남겨진 낡은 고정관념의 흔적에서 이탈해보자. 당신의 뇌에 새로운 길이 생기도록 하자는 것이다. 그리고 새로운 길로 다녀서 그 길이 점점 자리를 잡을 수 있도록 하자. 그러면 점차 길이 넓어지고 아스팔트가 깔리고 언젠가 아주 자연스럽게 다니는 고속도로가 될 것이다. 새로운 고정관념을 적용해 그것을 믿고, 그에 따라 행동하고 말하기를 권한다.

새로운 고정관념은 어떤 모습이어야 할지 예를 들어볼 테니 함께 살펴보자.

* 새로운 고정관념은 무엇보다 '나'로 시작되어야 한다.
* 고정관념을 긍정적으로 표현한다.
* 고정관념의 결과가 아닌 과정을 차분히 묘사해본다.
* 어쨌든 고정관념이 '나'에게 좋아야 한다.

육아를 하면서도 기존의 고정관념에서 벗어나 자신만의 새로운 고정관념을 만들어볼 필요가 있다. 만약 '내가 느끼는 공격적인 감정을 실제로 표현하면 나는 나쁜 엄마인거야'라는 낡은 고정관념이 있었다면 이것을 대신할 새로운 고정관념을 세우는 것이다. '나는 내 감정들을 모두 인정하고 표현하는 솔직한 엄마야'처럼 생각하는 것도 좋다.

아이의 모든 느낌을 허용하라

사람의 내면에는 감정과 느낌이 있다. 엄밀히 따지면 감정과 느낌은 같은 개념이 아니다. 감정(Emotion)은 '외부로 움직인다'라는 어원에서 유래한다. 공포나 분노, 역겨움, 기쁨, 슬픔, 놀라움 등의 기본적인 감정들은 억누를 수 없고 감추기도 어렵다. 탁월한 포커페이스를 갖췄다고 할지라도 표정으로 미세하게 드러난다. 감정을 거짓으로 꾸몄을 경우도 마찬가지다. 진실한 표정이 없는 것을 보면 꾸며낸 감정인지 아닌지 알 수 있다. 다행히도 대부분의 사람은 따로 훈련하지 않아도 거짓으로 꾸민 감정의 징후를 인지할 수 있다.

느낌(Feeling)은 인식한 감정에 대한 표현이다. 따라서 느낌은 감정을 인식하고 의식하는 것을 전제로 한다. 이번 부분에서는 느낌에 대해 말하고자 한다. 느낌은 몸통, 심장 근처, 가슴과 배에서도 감지할 수 있다. 작은 파닥거림부터 격하게 타는 듯한 느낌, 두드림, 끌어당김, 누름, 찌름, 폭발할 것 같은 압력, 심장이 찢어지는 듯한 느낌 등 우리는 다양한 '느낌'을 느낄 수 있다.

느낌에는 다양한 뉘앙스, 밝고 어두운 부분, 중간 지대가 있다. 다양한 느낌을 피아노의 건반에 비유해보겠다. 건반들은 서로 다른 음을 만들어낸다. 높고 낮은 음, 밝고 어두운 음, 크고 조용한

음이 있다. 건반 위의 음은 좋거나 나쁘다고 평가할 수 없다. 훌륭한 곡을 연주하려면 모든 음이 필요하고 서로 다른 음이 조화를 이뤄야 하기 때문이다. 사회적으로 분노나 좌절, 비애 같은 부정적인 느낌을 터부시한다. 하지만 부모와 아이가 함께 삶의 교향곡을 연주하려고 할 때 자제력을 잃지 않으려면 모든 느낌을 다루는 법을 배워야 한다.

아이들이 자신의 모든 느낌이 옳다는 것을 배우려면 부모가 먼저 모범을 보여야 한다. 즉, 자신이 느끼는 것을 억누르거나 마치 못 느끼는 것처럼 행동하는 대신 지금 이 순간 느끼는 모든 것을 허용하고 인정해야 한다는 의미다. 억누르고 감춘다고 해서 그 느낌이 사라지는 것도 아니니 솔직하게 표현하자.

당신의 느낌은 당신의 일부다. 느낌은 왔다가 사라지며 날씨처럼 변화한다. '분노를 느끼는 것을 허용한다'라는 말은 분노가 파괴적인 힘을 펼치도록 방관하라는 의미가 아니다. 자신이 느끼는 격렬한 감정에 두려움이 앞설 수 있다. 그리고 이런 두려움 때문에 분노를 인정하지 않고, 분노 표출을 못하기도 한다.

그러나 분노를 느낄 때는 "나는 지금 화가 치밀어!" 하고 큰소리로 말해보자. 주먹을 꽉 쥐거나 바짝 힘이 들어간 표정을 짓는 등 신체적 언어를 곁들여도 좋다. 이렇게 분노를 표현해도 어느 누구를 상처입히지 않는다. 지금 당신의 내면에서 어떤 일이 벌어지고 있는지, 당신이 어떤 상태인지에 관한 정보를 다른 사람에게 알려 오히려 관계 악화를 막을 수 있다.

느낌을 있는 그대로 표현하자. 아이들을 위해 보다 분명히 표현해 보여주자. 부모가 느끼는 것을 그대로 아이들에게 보여주는 자세가 중요하다. 화가 났으면 아무리 아닌 척을 해도 몸으로 드러나기 마련이다. 안 그런 척을 해봤자 아이들을 속일 수 없다. 따라서 부모가 자신의 느낌을 적절하게 관리하는 모범을 보여줘야 하고, 다른 한편으로는 아이들이 자신의 느낌을 제대로 다룰 수 있도록 이끌어줘야 한다. 그러면 부모와 아이들이 함께 성장할 수 있는 좋은 기회를 얻을 것이다.

이때 자아 조절이 중요하다. 종종 아이들이 분노에서 좌절, 슬픔으로 이어지는 느낌의 변화 과정을 겪을 때 부모가 그 과정을 마냥 참아주기 힘들다. 하지만 이런 과정을 겪는 것은 아이들에게 매우 중요하다. 자신의 느낌을 표현하고, 자신의 느낌이 변화하는 과정을 겪으면서 아이는 좌절과 낙담에 대한 관용을 배우기 때문이다. 부모는 아이들이 이런 과정을 겪으며 원하는 것을 모두 가질 수는 없다는 사실을 깨닫도록 도와줘야 한다. 그리고 이로 인해 느끼는 감정들을 인정하고 표현하며 조절할 수 있도록 인내하며 도와주자.

소원과 욕구 구분하기

가족심리치료사 예스퍼 율은 마트에서 아이스크림과 사탕을 사달라며 떼쓰는 아이에게 "안 돼!"라고 말하는 상황을 '건강한 갈등'이라고 일컬었다.

여기에서 중요한 것은 소원이다. 아이의 소원과 욕구를 구분해야 한다. 소원은 없어도 사는 데 지장이 없는 사탕이나 장난감 같은 것이다. 반면 욕구는 만일 충족되지 못하면 결과적으로 죽게 된다. 관계와 접촉, 친밀함, 애정 등은 사회적 욕구다.

당신이 아이가 바라는 소원에 "안 돼!"라고 말을 해도 아이와의 관계를 완전히 파괴하지 않을 수 있어야 한다. 그 기술을 익히면 아이가 반항하며 떼를 써도 보다 느긋하게 바라볼 수 있을 것이다. 부모는 합당하다고 생각하지 않는 것에 대해 일관성 있게 "안 돼!"라고 거절해야 한다. 일관성이 이 기술의 핵심 포인트다.

아이를 거절할 때 화를 내거나 욱하는 대신 상황에서 거리를 두는 태도가 필요하다. 어떤 아이들은 거절당했을 때 자신을 조용히 내버려두기 원한다. 또 어떤 아이들은 친밀함이나 위로, 애정, 관심을 필요로 한다. 아이의 성향을 고려했을 때 어떤 방법으로 반응하는 게 적절한지는 부모가 알 것이다.

어떤 방법을 적용하든 중요한 것은 아이의 상황을 인정해주는 자세다. "이건 네가 받아들이기 힘들다는 걸 엄마도 알아. 그래도 사탕을 사주지 않을 거야"라고 말해야 한다. 아이가 소란을 피워도 괜찮다. 다시 말하지만 이렇게 아이의 소원을 거절한다고 해도 아이와의 관계가 단절되지는 않는다. 아이는 뒤늦게라도 부모가 자신의 상황을 인정해줬다는 것을 깨닫게 될 것이다. 오히려 소란스러운 상황에 못 이겨 말을 바꾸면 아이는 더욱 혼란스러워진다. 따라서 안 된다고 거절했으면 그 태도를 그대로 유지하자.

심리적인 부담 대면하기

우리는 살면서 이따금 어려운 상황에 대면하게 된다. 부모님이 아프거나 교통사고를 당하거나 돌아가시면 순식간에 모든 상황이 변한다. 일 때문에 정신없는 하루를 보냈으면 사무실 밖에서도 집에서도 불안함을 느낀다. 이 모든 일은 심리적으로 엄청난 부담이 될 수 있다. 하지만 그렇다고 해서 마냥 불안함과 부담만 느끼고 있을 수는 없다. 때로는 친한 사람들을 만나는 등 심리적 부담을 덜어내는 방법을 찾아야 한다.

사람에게는 누구나 '인간적인 약점'이 있다. 만약 어떤 사람들이 당신을 시기하거나 비판하며 심리적인 압박을 가한다고 생각해보자. 당신은 이 상황에 대해 책임감을 느끼고, 스스로를 실패자로 받아들이기 쉽다. 이때 한숨 돌려보자. 들이키고 내쉬는 호흡은 우리의 일상을 평온하게 유지시키고, 몸과 정신을 안정시킨다.

미주신경은 신체를 안정 상태로 유지시키는 역할을 한다. 우리가 친절한 태도로 다른 사람들을 대할 수 있도록 만들어준다. 미주신경은 표정을 적절하게 움직여 다른 사람들을 대할 수 있게 돕는다. 그러니까 사회적으로 상호 작용을 할 수 있게 하는 것이다. 의식적으로 천천히 들이마시고 내쉬는 호흡을 통해 미주신경이 제 역할을 하도록 도와주자.

심리적으로 부담을 느끼는 상황에서는 의식적으로 깊게 호흡하자. 미주신경에 직접 안정적인 영향을 주라는 뜻이다. 그러면 스스로를 안정시킬 수 있고, 다른 사람들과도 계속해서 친밀한 관계를 이어갈 수 있다.

위기 상황이 닥쳤을 때, 근심과 두려움이 느껴질 때 그 자리에서 마음을 가라앉힐 수 있어야 한다. 자신의 '중심'에서, 그러니까 '자기 자신'에서 벗어나지 않는 것이 중요하다. 나를 당황스럽게 만드는 낯선 장소가 아닌 온전히 편안한 내 집에 있는 것처럼 느끼라는 말이다. 의식적으로 깊게 호흡하면서 '나는 지금 당황했다'라는 사실을 인정하면 평온해진다. 생각을 차분히 가라앉히고, 혼란스럽지 않도록 감정을 이끌어보자.

아이에게 욱하기 직전이었던 상황이 잠잠해지면 그때 스스로에게 '지금 여기서 문제인 것은 뭐지?'라고 물어보자. 사실 중요한 것은 아이가 달라고 떼를 쓰며 소리를 지르는 사탕이 아니다. 나쁜 시험 성적도 문제가 아니다. 거실 여기저기에 놓인 양말도 중요하지 않다. 중요한 사실은 항상 다른 데 있다. 다시 말해, 욕구 말이다. 아이는 자신의 욕구를 만족시켜달라고 소리지르는 것이다. 그러므로 이때 물어야 할 질문은 '정말 중요한 것은 무엇일까?' 외엔 없다.

"형제끼리 그칠 줄을 모르고 싸움질만 하고, 제 말을 듣지도 않아요. 상황이 정말로 심각해지면 저는 소리를 질러요. 그러면 힘이 쭉 빠지고 완전히 녹초가 되죠. 마치 플러그를 뽑아버린 것처럼요.

그런 다음 '힘들 때 나는 항상 혼자야'라는 생각이 들고 스스로가 불쌍하게 느껴져요. 모든 일을 혼자 해야 하고 아무도 나를 사랑하지 않는다는 생각마저 들어요. 혼자서 버텨왔다는 기분 때문에요. 정말 혼자서만 육아를 해온 건 아니지만요. 저에게는 저를 사랑하는 남편이 있고, 남편은 좋은 아빠예요. 게다가 저는 베이비시터의 도움도 많이 받아요.

그런데도 제가 혼자라고 느꼈던 이유는 뇌에 깊숙이 자리잡은 고정관념 때문이었던 것 같아요. 그래서 고정관념을 들여다보고 점검해야 했어요. 제가 어린 시절에 겪은 일로 인해 생긴 고정관념은 아이들 때문이 아니잖아요?"

- 늘 혼자라는 생각에 힘든 엄마 M

당신이라는 존재는 '있는 그대로의 당신'이다

가족심리치료사 예스퍼 율은 자존감을 '자기 가치를 느끼는 기능'이라고 묘사했다. 자존감 또는 자아존중감은 좋을 때나 나쁠 때나 자기 자신과 잘 지내도록 기능한다. 이때 자존감은 스스로를 대단한 사람, 최고인 사람, 가장 아름다운 사람, 가장 똑똑한 사람으로 여기는 개념이 아니다. 여기서 의미하는 자존감은 스스로를 주의 깊게 관찰한다는 개념으로 봐야 한다. '스스로를 잘 알고 있으면 자존감이 있다'라는 의미이기도 하다.

자존감은 사는 동안 겪는 온갖 난관과 문제들을 잘 헤쳐 나갈 수 있도록 도와준다. '나는 누구인가?', '나를 힘들게 하는 것은 무엇인가?' 하는 질문에 대한 답을 내려주는 것도 자존감이다.

어떤 일이 발생해도 당신은 인간으로서 괜찮은 존재다. 우리가 살면서 경험하는 난처한 상황을 견뎌내려면 먼저 자신의 가치를 제대로 느껴야 한다. 내적 갈등을 멈추고, 있는 그대로의 자신을 존중하고, 자존감을 자신의 것으로 만들면 강해질 것이다. 스스로를 실패자로 여기고 있다면 그렇게 생각하는 것을 당장 멈춰라. 당신은 언제나 할 수 있는 한 최선을 다하는 좋은 엄마다.

스스로에게 공감하면 다른 사람에게도 공감할 수 있다. 자기 자신을 사랑하면 다른 사람도 사랑하는 힘이 생긴다. 자신을 상대로 하는 싸움을 중단하고 자신과 화해하자. 그래야 아이를 대할 때도 공감 있는 부모, 사랑 넘치는 부모가 될 수 있다.

격렬한 감정은 표출한다

심리적인 부담을 느껴 화가 났을 때는 소리를 지르거나 베개를 때릴 수 있는 공간으로 가는 것도 도움이 된다. 이때 공격적인 감정을 몸으로 표현하는 것이 좋다. 베개를 때리면서 마구 소리를 질러보자. 입을 크게 벌리고 숨어 있는 분노를 끌어모아 크게 내뱉는다. 많은 사람들이 분노를 말로 표현하지 못하고 목구멍에 쑤셔 넣기만 한다. 밖으로 표현하지 못한 분노는 배 속 어디에선가 부글부글 끓어올라 몸속 곳곳에 상처를 입힌다. 어떤 방법이든 분노를 밖으로 표현해 스스로와 아이들에게 상처주지 않도록 노력하자.

때로는 우는 것도 괜찮다. 아이들 앞에서 울어도 좋다. 당신이 느끼는 슬픔을 감출 필요가 없다. 가해지는 부담이 너무 많으면 지금 어떤 기분인지 명확하지 않을 때가 있다. 머릿속에 생각이 너무 많고, 온갖 감정이 뒤엉켜 있기 때문이다. 이때 우는 것은 쌓인 감정을 밖으로 내보내는 아주 좋은 출구가 되어준다. 눈물과 함께 안에 쌓였던 감정들이 밖으로 나가면 홀가분해지고 한결 기분이 좋아진다. 그래서 말로 자신의 감정을 잘 표현하지 못하는 아이들은 울음을 감정의 배출구로 이용한다.

감정적인 부담을 견디기란 매우 힘들다. 많은 사람들이 감정적 부담이 육체적 부담보다 나쁘다고 생각한다. 예를 들어, 모두가 당신에게 무언가 원하는 것이 있는데 이미 당신은 정신적으로 스트레스를 잔뜩 받은 상태일 때처럼 말이다. 이때는 선을 아주 잘 그어야 한다. "아니오!"라고 말하자. "그만! 멈춰!"라고, "여기까지, 더는 안 돼!"라고 말하자. 사람들이 원하는 것을 모두 주지 못한다고 해도 당신은 있는 그대로 올바른 존재다. 앞으로도 스스로를 보호하고 자신을 사랑하는 연습을 하길 바란다. "나는 있는 그대로 좋다"라는 말을 자주 하자.

당신은 언제나 할 수 있는 최선을 다하는 좋은 엄마다.

정서적 결핍 채우기

정서적 결핍이 어떤 상태인지 이해하려면 빛과 바람을 쐬지 못하게 하고 물을 적게 줬을 때 바싹 마른 식물을 떠올려보면 이해가 쉽다. 육체적으로는 물론이고 정신적으로도 영양소를 잘 섭취해야 한다. 몸과 정신으로 구성된 우리는 '느끼는 존재'이고 '사회적 상호작용을 필요로 하는 존재'다. 조금 더 정확히 말하자면 애정과 관심이 필요한 존재라는 뜻이다.

노인들이 외로운 이유는 대개 요양원이나 집에서 혼자 있거나 사회적 접촉이 거의 없기 때문이다. 노인들이 다른 사람과 신체 접촉을 할 때는 치료를 받을 때나 가능하다. 그들이 말하고 대화를 나눌 수 있는 사람이란 고작 의사들뿐이다. 젊은 사람들도 상황은 별반 다르지 않다.

몸을 어루만지는 것은 말없는 대화를 나누는 것과 같다. 우리 몸은 30분 동안 스킨십을 하면 단번에 연료를 가득 채울 수 있는 자동차와 같은 구조로 이루어져 있다. 그렇기 때문에 적어도 하루에 30분 정도는 배우자와 신체적 접촉을 하라고 권한다. 단, 이때 말을 해서는 안 된다. 스킨십을 하면서 잠을 거나 책을 읽거나 TV를 봐도 좋다.

아이들에게도 신체적 접촉이 필요하다. 아이들은 활동량이 많기 때문에 낮 동안 시간을 내서 스킨십을 하긴 비교적 어렵다. 눈 뜬 시간 대부분을 아이들과 싸우며 지낸다면 잠자는 동안에 스킨십을 해보자. 무의식적으로 아이들은 낮 동안 충족되지 못한 부모와의 친밀감을 느끼고, 자신이 보호받고 있으며 안전하다고 느낄 것이다.

한편 친밀함의 반대되는, 다시 말해 정서적 마이너스를 일으키는 것들로는 상심, 평가 절하, 외로움, 무시, 부정적인 생각, 쇼크, 트라우마, 질투, 거부, 열등감 등이 있다. 이렇게 우리를 마이너스 상태로 이끄는 것들은 정서적 결핍 상태에 빠지도록 악영향을 준다. 음식을 먹는 것처럼 정서적 균형을 유지하는 일도 중요하다. 잘 먹어야 신체의 모든 기능이 잘 유지될 수 있듯이, 정서적으로 부족한 부분을 평소에 잘 채워두어야 마음이 가라앉은 순간에도 다시 균형을 회복할 수 있다.

정서적 균형을 유지하기 위해서는 먼저 플러스(+)가 되는 것은 무엇이고, 마이너스(-)가 되는 부분들은 무엇인지 작성해볼 필요가 있다. 아래의 표를 참고해 워크시트를 채워보자.

플러스(+)	마이너스(-)
아이들과 관계가 좋다	엄마와의 싸움 때문에 스트레스받는다
내 남편은 항상 나를 지지해준다	질투심이 많은 형제를 키우느라 힘들다
규칙적으로 스킨십을 한다	
직업적으로 인정받고 있다	

• 워크시트

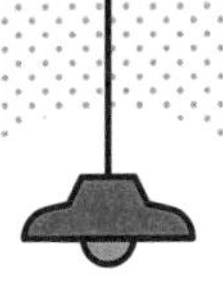

플러스(+)	마이너스(-)

표를 채웠는데 정서적인 마이너스 목록이 더 많으면 숨을 크게 들이켜고 상황을 다른 관점에서 바라봐야 한다. 정서적 마이너스 상태를 일으키는 원인에서 한 발짝 떨어져 거리를 두는 것도 좋다. 경우에 따라 전문가의 도움을 받아야 하는 문제들도 있다. 문제의 원인에서 거리를 둔다고 해도 시간이 모든 상처를 치유할 수 없기 때문이다.

사람들은 대개 심리적 고통을 피하기 위해 감정을 억압하는 경향이 있다. 그런데 이렇게 감정을 억압하다 보면 겉으로는 드러나지 않겠지만 어딘가에 억압된 감정이 남는다. 쉽게 말하자면 상처받은 우리 내면이 트라우마 상황에 영영 빠진다는 것이다. 이를 가리켜 분열이라고 한다. 고통을 참기 위해 우리는 분열이라는 생존 전략을 작동시킨다.

그러나 너무 걱정은 말자. 우리 인간에게는 트라우마나 생존 지향적인 면 외에도 건강한 부분도 있다. 이는 분열 없이 '다시금 나로서 완전하게 될 수 있는 방법'이 있다는 것을 의미한다. 어쨌거나 정서적 결핍을 채울 연료를 신경 쓰라는 말을 강조하고 싶다.

아이가 당신이 겪는 것과 비슷한 정서적 결핍 상태에 처했을 경우를 가정한 다음 '아이가 문제를 안고 찾아온다면 아이를 위해 무엇을 해줄 수 있을까?' 하고 상상해보는 것도 도움이 될 것이다. 아이를 안아주거나 실컷 울도록 하고, 아이가 하는 말을 들어주고,

이해심을 보여줄 수 있다. 아이가 당신을 의지하고 기대도록 곁을 지켜주고, 지금 어떤 것이 도움이 될 수 있는지 아이디어를 제공할 수도 있다. 무엇보다 언제나 따뜻한 품을 내어주고 손을 한 번 더 잡아주는 살가운 부모가 되어주면 아이는 어떤 일을 겪더라도 아픔을 이겨내며 정서적으로 단단한 사람으로 자랄 것이다.

사랑받는다고 느끼고 사랑 되돌려주기

우리는 조건 없는 사랑을 원한다. 나 역시도 사랑에 대한 기대가 있었다. 그래서 남편에게 "나를 사랑한다는 걸 어떻게 알았어?"라고 물었다. 남편은 "모르겠어. 하지만 내가 당신을 사랑한다는 것을 느껴"라고 대답했다. 남편의 대답은 대단히 인상적이었다. 그의 말이 맞다. 사랑은 느낌이다.

무조건적이고 완전한 사랑은 성인군자에게나 있는 듯하지만 사실 우리 내부에도 있다. 다른 사람을 평가하는 행동에서 벗어나 새로운 시각을 갖춰보자. 존재를 있는 그대로 인정하는 새로운 시각 말이다. 조건 없이 사랑받는다고 느끼고 그 사랑을 되돌려주는 일은 누구에게나 중요하다.

> "참된 사랑을 자유롭게 하라."
>
> \- 로베르트 베츠(Robert Betz)

아이들은 조건 없이 사랑을 베푼다. 하지만 유치원에 들어가면서부터 "네가 이걸 안 해주면 너는 내 친구가 아니야"라고 말하는 시기가 찾아온다. 사회적 관계를 통해 생각이라는 개념이 생긴 것이다. 자신만의 생각이 있다는 것은 옳은 일이다. 단, 아이들에게 다른 사람을 포용하는 태도를 취해야 한다고 가르쳐야 한다. 때때로 포용은 어렵다는 것도 명백히 가르쳐주자. 전혀 이해하지 못할 생각을 가진 다른 사람들을 대하는 것은 굉장히 어렵다고 말이다.

정서적인 측면에 영향을 미치는 생각이나 기대에 당신이 얼마나 집착하고 있는지 살펴보자. 그런 부정적인 생각을 발견할 때마다 플러스가 되는 방향으로 다시 생각을 되돌리고, 이를 믿으며 행동하자. 무엇보다 중요한 건 자신을 사랑하는 것뿐 아니라 다른 사람에게 사랑받는다고 믿으며 그 사랑을 되돌려주는 방식으로 생각해야 한다는 것이다.

누군가가 당신을 대하는 방식은 그가 어떤 인간인지를 말한다.
하지만 그 사람이 당신에 대해 이렇다저렇다 말한다고 해서
그것이 당신이 어떤 인간이라는 것을 의미하지 않는다.

있는 그대로의 아이를 사랑하기

우리보다 앞선 세대는 순종을 미덕으로 삼는 문화 속에서 살았다.

그리고 우리도 그런 영향을 받고 있다. 순종적인 문화에서는 아이들이 부모의 말을 따르는 것이 당연하다. 아이들은 부모가 시키는 것을 해야 한다. 그렇지 않으면 처벌과 사랑의 박탈이 뒤따랐다. 이런 육아 방식은 조건 없는 사랑과 거리가 멀다. 오히려 부모와 아이의 관계를 악화시킨다.

당신은 아이를 앞선 세대와 다르게 키우고 싶을 것이다. 또 아이가 사랑스럽게 커가는 과정을 지켜보고 아이의 성장 과정에 함께하는 부모가 되고 싶을 테다. 아이의 자의식을 단단하게 만들어주고, 험난한 세상에 잘 대처할 수 있도록 단단한 갑옷을 만들어주고 싶을 것이다. 그러기 위해서는 아이에게 "나는 너를 사랑해", "네가 있는 그대로 좋아", "네가 있어서 참 좋아"라는 메시지를 전달해주어야 한다.

> "사랑은 무언가를 얻을 거라고 기대하는 것이 아니라, 무언가를 줄 준비가 되어 있는 것이다."
>
> - 캐서린 헵번(Katharine Hepburn)

엄마의 생각

엄마의 부정적인 감정을 청소해요

아이들과 원하는 대로 시간을 보낼 수 없을 때는 도움이 필요하다. 어떤 문제가 발생했을 때 내가 바라보는 관점과 행동이 제약받는다고 느끼면 부담감이 커진다.

그럴 때 내가 받아야 하는 도움이 무엇인지 정의하기란 어렵지만 '1시간 정도 혼자 산책한다'나 '4일 동안 여행을 가겠다'라는 아이디어도 때로는 도움이 된다. 내가 아이들과 함께 시간을 보내기 힘들 때는 남편이나 아이들의 할머니, 친구, 이웃에게 도움을 요청할 수도 있다. 말 그대로 아이를 키우려면 마을 전체가 필요하기 때문이다.

육아를 하면서 다른 사람의 도움을 받는 것은 엄마의 부담을 덜어주는 효과만 있는 게 아니다. 도움은 가족의 삶이 제 기능을 하도록 하고, 구성원들이 함께할 수 있게 한다. 가족들의 삶이 삐걱거리거나 휘청거릴 때 문제의 해결책을 찾는 실마리도 도움에서 비롯된다.

문제가 있을 때마다 린다와 나눈 대화가 나에게 많은 도움이 되었다. 덕분에 새로운 자극을 받아 남편과 진지한 대화를 나눌 수 있었고 문제를 바라보는 관점을 바꿀 수 있었다. 또 내 입장만 고집하는 상황에서 벗어날 수도 있었다. 린다와 나눈 대화는 마음의 평정을 찾고 현실로 돌아오는 데에도 큰 도움이 되었다. 그녀는 수시로 "아이들에게 하는 것처럼, 너 자신에게도 사랑스럽게 대하며 보살펴야 돼"라는 말을 했다. 지금까지도 나는 린다가 해준 말을 따르고 있다.

형제의 싸움에 엄마의 생각을 내세우지 마세요

힘들 때 아이들이 싸우기 시작하면 참 부담스럽다. 장난감을 두고 벌이는 다툼이나 '누가 얼마나 많이 가졌냐'로 시작되는 싸움을 보는 것만으로도 체력이 엄청나게 소모된다.

예전에 나는 아이들이 싸울 때 싸움을 벌인 당사자들의 입장을 헤아리기보다는 내 생각을 전면에 드러내고는 했다. "그렇게 하찮은 것 때문에 싸움을 하고 있어!" 같은 말을 다행히 입 밖으로 내뱉지는 않았지만 마음속에서는 이미 온갖 말이 아우성쳤다. 내가 어린 시절에 부모님께 들었던 말들이 무의식적으로 튀어나왔다.

이번엔 문제 상황이 생겨도 내가 나 자신인 상태로 평온함을 유지하고 제대로 대처하려면 어떻게 행동하고 말해야 할지에 대해 이야기를 해보겠다. 지금은 문제가 발생했을 때 아이들도 함께 해결책을 찾도록 발언권을 준다. 이 방법이 모두에게 도움이 된다고 생각한다. 아이들의 의견은 상투적이지 않고, 어른들처럼 고정관념에 얽매이지 않는다. 아이들에게 해결책을 생각해보라고 하면 싸움에 관련된 모두에게 적절한 해결책을 찾는 일도 가능하다.

물론 아이들의 나이가 너무 어리거나 문제 상황이 너무 복잡하면 아이들이 제시하는 해결책을 실현시키는 것이 힘들다. 그러나 아이들은 자신의 의견을 낼 수 있어야 한다. 그래야 형제자매끼리 싸울 때 외에도 다른 아이와 싸웠거나 갈등 상황이 생겼을 때 창조성을 발휘해 상황을 현명하게 끝낼 수 있다.

일상에서 흔히 나타나는 아이들의 싸움을 예로 들어보겠다. 우리 집에 딸의 친구가 놀러왔다. 아이들은 변장을 하고 연극을 보여주겠다고 했다. 두 여자아이가 역할을 분담하고, 장난감을 이용해 무대를 만들었다. 그러다 갑자기 서로 자신이 탑 위에 앉아 연극을 시작하는 역할을 맡겠다고 했다. 아이들은 말싸움을 하다가 소리를 지르고, 잡아당기고, 결국에는 둘 다 펑펑 울었다.

싸움을 잠시 지켜보다가 나는 아이들에게 다가갔다. "내가 도와줄까?" 하고 물었는데 울음소리는 더욱 커졌다. 아이들은 더욱 화난 얼굴을 했다. 다시 잠깐 기다렸다가 딸아이에게 "네가 생각하기에는 어떤 해결 방법이 좋을 것 같아?"라고 물었다. 딸아이는 아무 말도 하지 않고 해결책을 생각하기 시작했다. 어느새 울음을 그친 아이의 친구에게도 똑같이 물어보았다.

그때 딸아이가 "우리 둘이 함께 탑 위에 앉았다가 제가 먼저 아래로 내려오면 돼요. 그런 다음에 연극을 시작하면 될 것 같아요!"라고 말했다. 그러자 아이의 친구가 훌쩍이며 고개를 끄덕이고는 "그래! 그러면 대사는 내가 먼저 시작할래!"라고 했다. 두 아이는 모두 새로운 해결 방법에 만족했다. 아이들은 무슨 일이 있었냐는 듯 상대방을 배려하며 탑 위에 나란히 앉아 연극을 시작했다.

만약 아이들이 해결책을 이야기하기 전에 내가 결정했으면 문제를 어떻게 해결했을까? 어쩌면 빨리 아이들의 싸움을 멈추겠다고 뚝딱 판결을 내렸을 것이다. 탑을 치워버리고 다른 무대를 만들라며 아이들을 설득했을지도 모른다. 어른이 가진 힘을 이용해 큰 소리로 내 생각을 강요했을 것이다. 누구나 아이 때 한 번쯤 억지로 해결책을 받아들이고 난 뒤의 찜찜한 기분을 느껴봤을 것이라고 생각한다. 만족스럽지 못할 뿐 아니라, 김빠지고 재미없고 어떤 면에서는 서글프기까지 하다.

형제자매 싸움은 원만하게 해결하기가 참 어렵다. 예를 들어, 나는 평소에 두 딸아이의 말을 모두 귀담아 들었고, 공정하게 대한다고 생각한다. 그러나 아이들은 그렇게 생각하지 않는다. 내가 자매를 공평하게 대한다는 메시지를 두 아이에게 제대로 전달하지 못하는 것이다. 그래서 나는 형제자매간 싸움에는 가능한 관여하지 말라고 권한다.

그러나 아이들이 싸우는데 부모가 전혀 관여하지 않는다는 것은 말 그대로 불가능하다. 나이가 많은 큰아이는 신체적으로나 지능적으로나 언어적으로나 작은아이보다 뛰어나기 때문에 별다른 방어 능력이 없는 작은아이는 거칠게 저항할 수밖에 없다. 작은아이는 그렇게 행동하는 것 외에 형이나 언니를 이길 다른 방법을 알지 못하니 말이다. 그래서 부모는 어쩔 수 없이 형제자매 싸움에 관여할 수밖에 없다.

우리 딸들의 경우에는 의견 충돌이 일어나면 같은 공간에 있으려고 하지도 않는다. 그러다 한 아이가 자신의 방으로 가거나 집 밖으로 뛰쳐나가버린다. 이런 식으로 자신만을 위한 장소를 찾는 방법은 의외로 모두에게 도움이 된다. 특히 싸움을 중재해야 하는 상황에 놓인 부모는 잠시 힘을 충전하고, 한숨 돌릴 수 있는 시간을 벌 수 있다. 또한 아이들이 자신의 상황을 설명하며 응원해달라고, 함께해달라고 할 때 아이들을 도와줄 준비 시간을 벌 수도 있다.

몬테소리 교육법의 창시자 마리아 몬테소리(Maria Montessori)는 "아이들이 자신의 일을 스스로 할 수 있도록 부모는 자신을 위한 일을 해라"라고 했다. 이 말은 감정 폭발을 불러일으키는 상황이나 갈등에 직면했을 때 효과적이다.

아이들은 성격에 따라 갈등이나 어려움에 직면했을 때 이를 대하는 태도가 다르다. 관심을 원하는 아이, 대화를 나누고 싶어 하는 아이, 번개를 막아줄 피뢰침 같은 보호자를 필요로 하는 아이도 있다. 반면 혼자 울며 슬퍼하고 싶은 아이나 자리를 피했다가 어느 정도 시간이 흐른 뒤에 다른 사람들이 있는 곳으로 돌아오는 아이도 있다.

익숙해지는 데 시간이 걸리겠지만 갈등을 현명하게 다루고, 아이들을 열린 마음으로 대하려면 먼저 부모가 흥분하지 않은 상태여야 한다. 부모가 차분하게 갈등 상황을 대할 경우에만 아이들도 거친 싸움을 멈출 수 있다는 의미다.

엄마가 침착하려면 뭐가 필요할까요?

항상 똑같은 것이 필요하지는 않다. 나는 내적 균형을 유지해야만 침착할 수 있다. 최근 7년 동안 나는 내면의 소리를 들을 수 있는 다양한 전략들을 준비했다. 그럼에도 내면의 소리를 인지하기가 미칠 정도로 힘들고 어려웠던 순간들이 있었다. 외적 요인이나 스트레스, 근심 걱정은 감각을 흐트러뜨려 내면의 소리를 듣는 것을 방해한다.

나는 가능한 자아를 최우선으로 돌보면서 흐트러지는 감각을 한데 모아 집중하려고 했다. 그리고 내적 균형을 유지하는 일이 가능할 때면 언제든 '나만을 위한 섬'을 찾았고, 이를 적극 이용하였다. 일상의 파도 속에서 '나만을 위한 섬'이란 이런 것들이다.

* 나를 위해 아침에 고요한 시간을 보내기 위해 20분 빨리 일어난다.
* 가능한 매일 틈날 때마다 잠깐씩 운동한다.
* 학교나 어린이집, 유치원, 마트에 갈 때 걷거나 자전거를 이용해 신선한 공기를 마신다.
* 지압이나 마사지, 경락을 받으며 피로를 푼다.
* 주말에는 인터넷 사용 시간을 줄인다.
* 일하는 시간과 자유 시간을 구체적으로 구분한다.
* 일상에서 주의를 기울이는 연습을 한다.

엄마가 내면의 소리를 무시하면 무슨 일이 생길까요?

점심에 큰아이를 기다리며 식사를 준비하고 머릿속으로는 오후에 할 일을 계획하던 때였다. 큰아이와 함께 숙제를 한 뒤 어린이집으로 가서 작은아이를 데려오고, 그다음에는 마트에 가는 길에 잠깐 놀이터에 갈 예정이었다.

나는 점심 때 큰아이를 오래 기다렸다. 학교가 멀지 않아서 아이는 짧은 등하굣길을 혼자서도 잘 다닐 수 있었다. 큰아이는 항상 12시가 되기 직전에 집으로 왔는데, 그 날은 조금 더 늦게 왔다. 식사 준비는 이미 10분 전에 마쳤다.

아이가 평소보다 늦게 오는 게 걱정되어 나는 밖으로 마중을 나갈 참이었다. 이때 벨이 울렸고, 아이가 문 앞에 서 있었다. 속상한 일이 있었는지 울어서 눈이 퉁퉁 부은 상태였다. 집에 발을 내딛자마자 아이가 가방을 던지고는 침대로 뛰어들었다.

아이의 방 밖에서 5분 정도 기다리다가 결국 문을 두드렸다. 아이는 여전히 흐느끼는 중이었다. 식욕도 없어 보였다. 한동안 아이의 침대 옆에 우두커니 앉아 있었는데, 나는 오전에 일을 하느라 아침 식사를 걸러서 굉장히 배가 고팠다. 그래서 식탁에 앉아 혼자 점심을 먹었다. 이 일이 아이를 더욱 화나게 만들었다.

나는 이때부터 오후 계획이 서서히 어그러지는 것을 느낄 수 있었다. 기분은 슬슬 엉망이 되어갔고, 점점 분노가 차오르기 시작했다. 급기야 자제력을 잃고 아이에게 "우는 것 좀 그만 멈추고 식탁에 앉아서 밥이나 먹어!"라고 소리쳤다. 결과는 어땠을까? 물론 내가 원했던 결과를 얻지 못했다.

항상 일은 이런 식으로 진행된다. 주어진 시간을 완전히 효율적으로 이용하기 위해 원하는 것을 일단 뒷전으로 밀어두고 몸이 보내는 신호를 무시하면 언젠가는 '짜증의 종점'에 도달한다. 내가 밥을 먹었고 포만감을 느끼기는 했지만 이미 싸늘해진 분위기를 바꿀 수는 없었다. 이런 상황이 되면 나는 아이가 겪는 위기의 극복 과정에 함께해줄 힘이 없다.

나중에서야 화내지 않고 아이에게 다가가며 나쁜 분위기에 휩쓸리지 않은 채 문제를 마무리하는 것이 중요하다는 점을 깨달았다. 분노가 일고 화가 났을 때는 상황에서 한 발짝 물러나 거리를 둔다. 감정적으로도 물리적으로도 물러서는 것이 좋다. 화가 나거나 분노가 치솟으면 신선한 바깥 공기를 쐬는 것이 평정을 유지할 수 있는 나만의 비법이다. 대부분 짧게 산책하는 것으로 족하다. 또는 집 주변을 잠깐 한 바퀴 도는 것도 좋다.

"그것으로 충분히 좋아"라고 말해요

"너는 지금도 충분히 괜찮아!"라는 문장을 기억했다가 언제든 스스로에게 반복해서 속삭여야 한다. 충분히 괜찮은 엄마, 충분히 좋은 보호자, 아이의 가장 든든한 후원자, 충분히 근사한 아내, 주변에 도움을 주는 사람, 다른 사람의 손을 잡아주는 사람… 당신은 존재 자체만으로도 충분하다!

린다는 "자기애는 마음을 진정시키는 힘이 크다"라고 말해주었다. 나는 이 멋진 문장이 마음에 쏙 들었다. 그래서 이 문장을 '나는 다른 사람을 도와주는 사람이고, 도움을 받아도 되는 사람이다'로 살짝 바꿔서 나만의 새로운 고정관념으로 삼았다.

이 문장을 곱씹을수록 나는 이 사실을 뚜렷하게 인식하고 받아들인다. 그리고 '어떤 규칙이 나에게 중요한 걸까?', '어떤 규칙이 나를 방해하지?'라는 생각을 하게 된다. 일상의 혼잡함 속에서 나를 방해하는 고정관념들을 걸러내는 일은 단순하지 않다. 왜냐하면 일단 고정관념이라는 것이 제 기능을 발휘하여 '틀에 박힌 대로' 모든 것을 해결하는 게 중요하다고 머릿속에서 외치기 때문이다.

그래서 어느 날 나는 내가 지닌 고정관념에 대해 곰곰이 생각해볼 요량으로 오후 일정을 비워두었다. 머릿속을 환기

시키기 위해 장소를 옮겨 카페에 나갔다. 커피를 마시고 케이크를 먹으며 생각했다. 그러자 머릿속에서 큰 글씨로 어떤 문장이 떠올랐다. '내가 모든 것을 직접 하지 않으면 그 일은 잘 안 될 거야!'라는 문장 말이다. 이 문장이 그동안 나의 한계를 제한하는, 내가 지금까지 고수하고 있던 오래된 고정관념이었다.

왜 이런 고정관념을 갖게 되었는지 이유를 찬찬히 살펴보니 어린 시절에 생각이 닿았다. 문득 어렸을 때부터 내가 스스로에게 부담을 주었다는 사실이 분명해졌다. 이렇게 자신이 지닌 고정관념의 이유를 알아가는 과정은 유익하고 마음의 부담을 한결 가볍게 만드는 효과가 있다. 정말로 힘들었지만 마침내 생각의 새로운 방향을 찾게 되어 기쁘다.

생각을 문장으로 구체화하고 요약하는 것은 어려운 일이다. 이때는 먼저 자신에게 익숙해진 고정관념들을 솔직하게 마주하고 인정하는 자세가 필요하다. 내가 오랫동안 지켜온 고정관념은 내 어린 시절에서 시작된 것이다. 어린 시절의 나는 혼자서도 잘 해낼 수 있다는 사실을 항상 증명해야만 했다. 이런 고정관념을 차근차근 들여다본 후 나는 핵심 포인트를 발견했다. 바로 '자신의 나약함'을 고백하는 일이다. 강한 것만 중요한 것이 아니다.

어린 시절에 대해 조금 더 깊이 생각해보면 그때 나에게 주어지지 않았던 것 때문에 느꼈던 고통이 떠오른다. 사남매 중 첫째였던 나는 부모님의 도움과 지지가 절실히 필요했지만 나보다 어린 형제자매들을 돌보느라 부모님은 내게 신경 쓸 겨를이 없었다. 그래서인지 어른이 되어서도 도움이 필요한 상황에서 나는 거의 감정 없이 반응한다. 어떨 때는 다른 사람들 눈에 도움이 필요한 사람으로 보일까봐 두렵기까지 하다.

고정관념과 어린 시절을 되짚어보는 지극히 개인적인 과정에서 '나는 나를 거의 완벽한 인격체로 느낀다. 그러나 내게는 이를 든든하게 받쳐줄 기반이 없다. 지금이라도 스스로에게 약점이 있다는 점과 도움이 필요하다는 사실을 인정하고, 그것을 나의 특징으로 생각하지 말아야 한다'라는 결론을 내렸다.

새로운 고정관념은 좋고 값진 것처럼 느껴진다. 새로운 고정관념, 즉 신념은 내가 따르고자 하는 길을 가리키는 이정표인 셈이다. 나는 다른 사람을 도와주는 사람이고 도움을 받아도 되는 사람이다. 나는 도움이 필요할 때 다른 사람들에게 그 모습을 보여도 된다. 내가 지닌 약한 면도 나라는 존재의 일부로 인정해도 된다.

아이를 보며 성장하는 엄마

부담감이 '위험할 정도'로 커지면 나는 그 순간 내게 주어진 모든 가능성을 확인하려는 편이다. 아이가 내게 준 기회, 즉 엄마라는 존재가 되어 자신을 돌아볼 계기를 통해 성장하고 싶다. 인간관계의 매 순간마다 나타나는 도전 과제를 받아들이고, 일상생활에서 매번 새롭게 나타나는 다양한 형태의 문제를 기꺼이 받아들이고자 한다.

아이와 나는 함께 성장하고, 함께 느끼고, 함께 배운다. 우리가 어디에 있는지, 누구인지, 무엇을 함께 하는지, 어느 정도의 공간을 필요로 하는지, 우리에게 중요한 것은 무엇인지, 가족 구성원들이 자신의 위치를 어디에 설정하는지 등은 시간이 흐르며 변화한다.

그리고 각각의 발전 단계를 거치면서 우리는 한 계단 더 높은 곳으로 함께 오를 수 있다. 그 과정에서 후퇴나 실수도 있을 것이다. 후퇴와 실수도 인정해야 한다. 그러면 다시 한 번 용기를 가지고 새로 시작하려는 시도를 할 수 있다.

다른 엄마의 육아를 평가하고 비교하지 마세요

나는 때때로 육아에 매우 적극적인 엄마들이 만들어낸 '거품 같은 세상' 한가운데에 있는 스스로를 발견한다. 게다가 나도 거품 같은 세상을 만드는 일에 적극적으로 가담하기도 한다. 뉴스 플랫폼보다 빠르고 과도하게 노출되는 SNS는 '충분히 괜찮은 육아'를 넘어선다.

우리는 자신을 남들과 비교하고 해석한다. 다른 사람이 입고 있는 옷을 입고 싶어 하고, 다른 사람의 집과 다른 사람들의 삶을 원한다. 나는 인스타그램에서 정보를 교환하면서 얻은 영감들이 나를 풍성하게 만든다고 여겼다.

하지만 한편으로는 이것이 엄청난 압력을 받으며 매일 마주하는 삶의 아주 극히 작은 단면일 뿐이라고 강조하여 말한다. 우리의 삶은 외부에서 들어오는 정보를 감당하기에 이미 충분히 버거운 상태다. 인스타그램과 같은 SNS에 비친 거품 같은 허상을 부러워하며 신경 쓰고, 그렇지 못한 삶을 사는 사람들을 헐뜯으며 시간을 낭비할 필요가 있을까? 이렇게 사는 대신 차라리 자신만의 길을 찾는 것이 좋다. 안 그랬다간 진짜 자신의 삶을 간과할 수 있다. 그날그날 중요한 영향을 주는 것을 받아들이며 사는 것이 바로 진짜 삶이다.

또한 SNS에서 본 모습과 다른 현실의 육아를 하는 엄마들을 평가할 필요도 없다. 지금 떼쓰며 소리지르는 아이와 자신의 요구를 조화시키려고 애쓰는 다른 엄마를 평가하는 대신 공감한다는 듯이 고개를 끄덕이는 것만으로도, 가볍게 웃는 것만으로도 충분하다. "저도 그 심정 알아요!"라고 말하는 것도 육아를 하는 엄마 입장에서 서로에게 큰 도움이 될 수 있다.

어떻게 해야 평정을 유지할 수 있을까요?

흥분하거나 화가 나서 구석에 몰리는 느낌이 들 때, 무언가 부글거리며 끓기 시작할 때 감정의 카오스를 느낀다. 이때 전에 겪었던 불편한 상황에 대한 기억이 번뜩 떠오른다. 단지 감정만 반응하는 것이 아니다. 몸 전체가 분명히 반응을 보인다.

유감스럽게도 나는 아이였을 때 이런 감정을 말하고, 인정하고, 밖으로 내보이는 방법을 배우지 못했다. 물론 내게 아이가 생겼을 때서야 비로소 감정이 흔들리는 것을 통제하지 못한다는 사실을 느꼈다. 아이는 내가 감정을 느끼고, 몸 전체로 반응하고, 부정하도록 나를 몰아세웠다. 마치 나를 시험하듯이 말이다.

내 머릿속에서는 "그렇게 소리지르지 마!", "그런 척하지 마!"라는 말들이 메아리쳤다. 나는 부모님에게 그렇게 배웠기 때문이다.

그렇게 욱하는 육아, 짜증내는 육아를 하는 사이 내게는 다른 전략이 생겼다. 그리고 가능한 내가 부모로서 세운 육아 전략을 지키려고 노력한다. 화가 날 것 같고 완전히 분노에 사로잡힐 것 같으면 가능한 빨리 그 장소를 떠난다. 벽을 발로 차는 것도 도움이 된다. 몇 걸음 뒤로 물러나는 것도 좋다. 즉, 숨을 돌리며 여유를 되찾고 머리를 맑게 식히는 것이다.

스스로를 다시 통제하는 데 필요한 시간은 단 몇 분에 불과하다. 따라서 분노에 사로잡히지 않도록 제때 신경 쓴다면 아이들에게 소리를 지르는 일도, 아이에게 분노를 쏟아내는 일도 없어진다. 나는 "너무 화가 나서 지금은 네 말을 들어줄 수 없어", "너무 화가 나니까 잠깐 밖으로 나갔다 올게"와 같은 말로 지금 내가 무엇을 느끼는지, 내 상태가 어떤지 아이들도 함께 느낄 수 있게 한다.

완벽하게는 아니지만 아이들은 일부나마 받아들인다. 싸웠거나 흥분한 상황이 지난 후 내가 다시 침착해지면 아이들은 자신이 그때 어떻게 느꼈는지를 이야기한다. 작은아이는 분노를 "정말로 빨갛고 커다랬어요!"라고 묘사했다. 나는 이렇게 말하는 아이가 굉장히 자랑스러웠다. 사람마다 자신만의 느낌이란 게 분명 있기 마련이고, 또 그런 감정이 우리를 있는 그대로의 인간으로 만들기 때문이다.

그렇다면 내가 어린 시절에 배웠던 것과 달리 내 아이들에게 '감정을 어떻게 느끼고 표현하는지'를 가르치려면 어떻게 해야 할까? 여러 측면에서 고려해봤을 때 그저 부모가 아이에게 감정을 느끼고 표현하는 모습을 모범으로 보여주면서 영향을 주는 것이 가장 좋다고 생각한다.

나는 이런 육아 방식을 책에서 배웠고, 린다에게서도 배웠다. 아이들은 거의 100%의 확률로 자신과 가까운 사람이 했던 대로 갈등과 문제 상황을 다루며, 자신의 감정을 느끼고 표현하는 방법을 배운다. 나는 매 순간 스스로가 어떤 상태인지 명백히 느낀다. 아이들도 비록 서툴지만 자신이 느낀 것이나 현재의 상태를 말로 잘 표현하는 것 같다.

자유교육 전문가인 안드레아 슈테른은 "나는 너를 사랑해. 네가 있는 그대로의 너이기 때문이야"라는 멋진 문장을 이야기했다. 나는 이 말을 그대로 큰아이에게 해주었다. 내가 처음 아이에게 이 말을 했던 밤을 잊을 수가 없다.

그날도 역시 다른 평범한 날처럼 아이들과 나는 수많은 오해와 갈등을 빚으며 감정이 복잡하게 뒤엉킨 하루를 보냈다. 마침내 아이들이 모두 잠자리에 들었고 나는 완전히 녹초가 되었다. 나는 갑자기 벌떡 일어나 큰아이에게 다가가 "나는 너를 사랑해. 네가 있는 그대로 좋아"라고 속삭였다.

그러자 6살이었던 아이가 몸을 일으키더니 나를 보고는 생긋 웃었다. 그러고는 포옹을 해주었다. 아이의 팔은 부드럽고 단단하게 나를 감싸는 끈처럼 느껴졌다. 고단하고 힘든 날이었지만 모든 상황을 좋게 만들고, 또 모든 것을 안전하게 만드는 그런 끈이었다. 감정의 카오스가 흩어지고, 혼란스럽던 상황이 해결되고, 섬세한 끈처럼 무언가 나를 감싸는 순간은 아주 멋지다.

부모를 미치게 만드는 아이의 행동은
어른과 달리 감정을 아직 조절하지 못하는 데서 출발한다.
아이든 어른이든 감정 뒤에는 욕구가 있기 마련이다.

소리지르는 육아 그만두기
5 단계

무기력하다고 느끼는 감정 다스리기

이미 일어난 일에 영향을 줄 수 없는 상태, 그리고 그 상황에서 느꼈던 무기력감이 자주 욱의 원인으로 언급된다. 이런 상태를 속수무책 또는 통제력 상실이라고도 부른다. 다음은 이 책의 공동 저자 다니엘라를 매우 힘들게 만들었던 상황이다. 함께 살펴보자.

> "외출하기 전에 작은아이에게 화장실을 갔다오라고 말한 것 때문에 갈등이 시작됐어요. 아이는 한사코 화장실에 가지 않겠다고 했고, 실제로도 안 갔어요. 집을 나와서 길을 가는 도중에 결국 아이가 급히 화장실을 가고 싶어 했죠. 우리는 길 한복판에서 화장실을 찾으려고 허둥지둥했어요.

저녁에도 비슷했죠. 아이가 자기 전에 화장실에 안 가겠다고 했어요. 결과는 뻔하죠. 잠을 자다 말고 화장실에 가겠다고 하더니 제대로 잠을 못 자더라고요. 이렇게 며칠 밤이나 소란을 피웠고 자다가 이불에 소변을 쌌습니다. 거의 2년 넘게 소변 가리는 일을 잘 해오던 애가 갑자기 저러니까 참을 수 없었어요! 아이는 17개월 때부터 기저귀를 차지 않았고, 이후로 거의 소변 실수를 안 했거든요.

아이와 대화를 나누기도 하고, 그러지 말라고 윽박지르기도 하고, 부탁도 해보고, 구구절절 설명도 했지만 전혀 도움이 되지 않았어요. 아이는 화장실을 가라고 할 때 가지 않겠다고 고집을 부렸습니다. 제가 가라고 할 때는 절대로 화장실에 가지 않아요. 그런데 아무도 자기를 지켜보지 않는다고 느끼면 그때는 제 발로 화장실에 갑니다! 이 상황이 저를 미치도록 화나게 만들어요!"

- 다니엘라

육아를 하면서 느끼는 무기력감을 조금 더 상세히 다루고 싶어서 몇몇 심리치료사에게 무기력감을 치료하는 다양한 방법을 문의했다. 그들에게 얻은 대답을 여기에 덧붙인다. 우리가 심리치료사에게 물어봤던 질문은 다음과 같다.

* 무기력감이 무엇을 불편하게 만드는가?
* 무기력감을 느낄 때 사람들이 격렬하게 반응하는 이유는 무엇인가?
* 단기적·장기적으로 볼 때 아이와의 갈등 상황에서 도움이 되는 것은 무엇인가?
* 통제하려는 욕구는 어디에서 오는가?
* 긴장을 효과적으로 완화시키려면 어떻게 해야 하는가?

모성을 발휘하는 데 가장 중요한 자원은 당신 자신이다

임상심리학자 이사벨 후타르쉬(Isabel Huttarsch)의 조언

"무기력감은 혼자 오지 않는다. 우리가 느끼는 무기력감은 대부분 분노와 함께 나타난다. 분노와 무기력감이 생기는 과정을 살펴보면 마치 닭이 먼저냐 알이 먼저냐를 따지는 것과 같다. 둘 중 어느 것이 먼저 생겨나는지는 분명하지 않다.

동기 부여 심리학적 관점에서 보면 분노와 무기력감이 일으키는 느낌을 못 참는 이유는 분명하다. 우리의 욕구, 생각, 가치, 이상이 다른 사람이나 상황에 의해 무시당하고 웃음거리가 될 때, 무기력한 상태가 될 때 분노가 나타난다. 욕구나 생각, 가치, 이상을 보호하려고 취하는 행동이 바로 분노인 것이다. 다시 말해, 자신이 원하는 것들을 지키는 것이 분노의 임무다.

육아를 하다가 원하는 바를 이루지 못하리라는 결과가 예상되면 무기력감이 찾아올 것도 미리 알아차릴 수 있다. 마치 '위험에 처할 것이다'라고 알리는 경고음이 울리는 것처럼 말이다.

이때 뇌는 긴급 상황 모드에 들어간다. 긴급 상황 모드가 되면 이성적 사고와 분별 있는 통제를 가능하게 하는 전두엽은 작동을 늦추고, 대뇌변연계가 생존 보장을 위해 전면에 나선다. 결과적으로 우리가 취할 수 있는 반응은 싸움이나 도망, 죽은 척하기뿐이다. 일반적으로 우리는 세 가지 반응 중에서 가장 뇌가 접근하기 좋은 반응을 하기로 결정한다. 대개 싸움을 하자는 반응이 선택되고, 마치 목숨이라도 걸려 있다는 듯 아이 앞에서 소리를 지르고 화를 내게 된다.

부담감이 한계에 달하면 뇌는 긴급 상황 모드를 활성화시킨다. 실제로 부담감을 느끼는 정도는 개인에 따라 다르다. 아이와의 갈등 상황에서 '스스로가 느끼는 두려움, 충족되지 못한 욕구, 내면의 아이'라는 세 가지 요소가 더해지면 부담감은 더욱 커진다.

종종 아이에게 격렬하게 반응하는 행동을 바꾸고 싶다면 방금 언급한 이 세 가지 요소를 조절할 줄 알아야 한다. 그러기 위해서는 용기가 필요하다. 스스로를 존중하는 자세도 필요하고, 자기 자신의 두려움을 잘 이해해야 한다. 그러면 보다 쉽게 두려움을 제거할 수 있다. 또 자신의 욕구 중 무엇이 만족스럽게 채워지지 못했는지 분명히 알아야 자기 자신을 더욱 잘 보살필 수 있다. 스스로를 진지하게 여기고, 자신의 욕구를 진지하게 받아들이면 일상에서 느끼는 부담을 확실히 줄일 수 있다. 더불어 신경 발작이나 과민 반응과 같은 행동도 줄어든다.

특히 육아를 할 때는 '관찰자의 관점'으로 상황을 보길 권한다. 아이와의 갈등 원인을 정확히 알아내는 데 도움이 된다. '어떤 상황에서 갈등이 자주 발생하는가?', '아이와 갈등을 빚을 때 내 안에서는 무슨 일이 벌어지는가?', '아이에게는 무슨 일이 벌어지는가?' 식으로 관찰자의 관점에서 바라보자. 특정 가치관에 얽매이지 않게 되어, 갈등을 일으키고 분노를 자극해 긴급 상황 모드를 작동시키는 원인이 무엇인지 알게 될 것이다. 그렇게 해서 분노와 무기력감을 유발시키는 원인을 알아낸다면 중요한 순간에 어떤 감정인지, 어떻게 행동해야 하는지 일찍 파악할 수 있다. 의식적으로 심호흡을 하거나 자기만의 주문을 외우는 행동도 갑작스럽게 벌어진 상황에서 감정적 거리를 두는 데 도움이 된다.

갈등에 대한 두려움과 갈등을 일으키는 원인은 자신의 어린 시절에서 찾아야 한다. 어린 시절의 모든 경험들이 모인 마음속 깊은 곳에는 '내면의 아이'가 있다. 내면의 아이는 평소에는 조용히 존재

한다. 하지만 부모님에게 호되게 혼났던 행동을 자신의 아이가 그대로 할 때, 부모님에게 인정받기 위해 부정해야 했던 자신의 행동을 아이가 똑같이 할 때 내면의 아이가 움직인다. 그 결과, 뇌는 내면의 아이가 폭발할지도 모른다는 위험을 감지하고 즉시 긴급 상황 모드를 작동한다. 욱하는 육아를 그만두고 아이들을 대하는 태도를 긍정적인 방향으로 바꾸고 싶다면 내면의 아이를 제대로 안아주는 시간을 가져야 한다. 아이에게 하듯 우리 자신에게도 따뜻한 손길이 필요하다.

관찰자의 시점과 정반대에 놓인 통제 욕구에 대해서도 이야기해보겠다. 아이에 대한 부모의 통제 욕구는 자기 보존 본능의 표현이다. 통제를 하고자 하는 것은 인간의 본성이다. 부모들은 '아이를 보호하기 위해서', '안전을 위해서', '주도권을 쥐기 위해서', '자신이 하고 싶은 대로 하기 위해서' 통제를 해왔다. 부모의 통제력을 더욱 공고하게 만드는 것은 '모든 것은 통제 가능하다'라는 고정관념이다. 그러나 그 고정관념은 잘못되었다.

그렇다면 지나친 통제 욕구를 다루는 방법은 무엇일까? 스스로에게 '나는 왜 아이와 상황을 통제하려고 할까?'라는 질문을 해보면 해결책이 보인다. 통제 욕구의 뒤에 있는 두려움이 무엇인지 알아낸다면 그때야 비로소 통제 욕구를 경감시킬 수 있다. 예를 들어, 아이가 사탕을 먹고 싶어 할 때 부모는 '아이가 몸에 안 좋은 것을 먹으면 건강이 나빠질 것이다'와 같은 두려움을 느낀다. 막연한 두려움의 실체를 파악하고, 두려움에 파묻히는 일을 피하려면 아이에게 필요한 영양소 섭취량을 조사하거나 병원에 가서 아이의 영양 상태를 검사해보는 방법을 써보자. 무기력감이 일으키는 결과를 미리 예상해보는 것도 도움이 된다. '계속 사탕을 먹게 내버려둔다면 무슨 일이 벌어질까?' 하고 말이다. 바라보는 관점을 유연하게 바꾸면 상황을 보다 현실적으로 볼 수 있다.

무기력감은 느낌이다. 사람들은 무기력감을 감당할 수 없기 때문에 해결책을 찾으려고 한다. 반면에 힘은 '팩트'다. 아이와 부모 사이에는 자연적으로 주어진 힘의 차이가 있다. 힘을 행사하느냐의 여부는 부모의 마음에 달려 있다. 무기력과 힘의 균형보다 더 중요한 것은 '나는 아이에게 어떻게 힘을 행사하고 싶은가?'라는 물음이라고 생각한다. 왜냐하면 부모가 실제로 무기력한 상태, 다시 말해 힘이 없는 경우는 드물기 때문이다.

육아 상황에서 느끼는 무기력감은 부모에게 '아이에게도 자신만의 경계가 있으며 부모가 아이의 경계를 함부로 넘어서지 말아야 한다'라는 점을 상기시킨다. 이런 이유 때문에 부모는 무기력감을 두려워할 수도 있다.

하지만 육아 상황에서의 무기력감은 지극히 당연한 것이며 부모가 자신과 아이 사이에 넘지 말아야 할 선이 명백히 있다는 사실을 받아들여야 한다. 또 부모가 육아를 하다가 느끼는 무력감은 아이에게도 존엄성이 있다는 사실을 새삼 상기시키며 아이에게 일방적으로 힘을 남용하지 못하도록 막아준다는 점을 인정해야 한다."

우리보다 앞선 세대의 부모들은 아이가 어떻게 행동해야 하는지에 대해 자신들의 생각을 일방적으로 밀어붙였다. 두려움이라는 수단을 사용해 아이들을 키웠다. 예를 들어 어른들은 "내가 말하는 것을 하지 않으면 벌 받을 줄 알아!", "내 말을 안 들으면 집에서 쫓아낼 거야!", "그렇게 행동하면 오늘 간식 안 줘!"처럼 공포심을 이용했다.

오늘날 우리는 이런 육아 방식이 아이의 자존감을 해치는 치명적인 독이며, 아이의 마음을 병들게 한다는 것을 안다. 존재 가치를 떨어뜨리는 말이나 다른 사람의 생각을 무작정 따르게 하는 태도는 부모와 아이 모두에게 좋지 않다.

20~30년 전부터 부모들은 다른 육아법을 찾으려고 애를 썼다. 권위적인 방법으로는 권위적인 육아를 하게 된다. 새로운 육아법들을 찾는 동안 수많은 아이디어가 등장했고 다양한 실험들이 있었다. 지금도 새로운 육아를 위한 아이디어와 실험들이 나타나고 있다. 분명 부모들도 '힘의 차이에서 자유로운 관계'를 바탕으로 한 육아를 하고 싶을 것이다.

최근 조명받고 있는 연결과 관계를 지향하는 육아법에 대한 오해들은 다양하다. 이런 오해는 아이와의 편안한 관계를 원하는 부모들에게 닥치는 도전 과제와도 같다. 관계 지향적 육아에 대한 몇 가지 오해와 이를 바로잡는 설명을 함께 살펴보자.

* 관계 지향적 육아는 아이를 자유방임해서 키우라는 의미가 아니다. 또 모든 것을 아이 중심으로 해야 된다는 의미도 아니다.
* 아이를 가족 구성원 모두가 관심을 기울여야 하는 대상으로 대하는 것은 좋은 생각이 아니다. 모든 사람의 눈길이 쏠리는 위치가 무조건 안락하지는 않기 때문이다. 아이가 잘 지낸다고 항상 부모가 잘 지내는 것은 아니다. 부모가 무탈해야 아이도 무탈하다.
* 욕구와 소원은 구분해야 한다. 서로 완전히 다른 것이다.
* 욕구는 충족되어야 하지만 모든 욕구가 즉시 충족될 수는 없다는 점을 기억해야 한다. 한편 소원은 항상 충족되지 않아도 된다. 충족되지 못한 소원 때문에 아이가 죽지는 않는다.
* 부모가 기준을 몸소 보여주고 자신의 기준이 어디까지인지 밝혀야 아이가 건강하게 발달을 이룰 수 있다. 아이에게 기준을 주고 의지할 대상이 되어주자.

때로 부모를 미치게 만드는 아이들의 행동은 감정 때문에 비롯된다. 아이들은 어른처럼 감정을 조절하지 못한다. 아이든 어른이든 모든 감정의 배후에는 욕구가 있다. 예를 들어 정서적인 욕구에는 '안전함을 느끼고자 하는 것', '어딘가에 소속되고 싶은 마음', '다른 사람에게 받아들여진다고 느끼는 상황', '가치 있는 대상이 되는 것', '진지하게 받아들여지기를 원하는 마음' 등이 포함된다.

만약 정서적 욕구가 충족되지 않으면 아이들은 분노하고 슬퍼하는 데서 그치지 않고, 자신이 느끼는 감정에 걸맞은 행동을 해서 부모를 괴롭게 만든다. 무시된 욕구로 인한 감정은 행동으로 나타나는데 부모가 오직 아이의 행동만 바라보고 있으면 본질적인 것, 즉 아이의 감정을 놓치게 된다.

부모의 임무는 자신의 감정을 조절하고 바로잡는 모습을 보여줘서 아이도 자신의 감정을 조절할 수 있도록 가르치는 것이다. 그래야 아이가 한 발 한 발, 자신의 자아 경영을 능숙하게 하는 사람으로 자랄 수 있다. 그러나 아이의 감정을 놓칠까, 문제 행동으로 발전할까 너무 걱정하지는 말자. 부모가 자신의 감정을 조절할 수 있으면 육아를 하면서 더 이상 무기력감을 느끼지 않게 될 것이다.

내적 평화를 위해 무기력감을 받아들이자

형태주의 심리치료사 미하엘 슈토케르트(Michael Stockert)의 조언

"무기력감을 느끼는 상황에서 우리는 평온함을 유지하게 만들던 감정을 잃고 자아 이해의 상실에 직면하게 된다. 더욱이 아이들이 부모인 우리를 이런 상태에 처하게 하면 상처를 받고 패배감을 느끼기 쉽다.

나는 무기력감에 격렬하게 반응하는 행위를 '코핑 전략(Coping Strategy)', 즉 무기력감에 방어하는 대처 전략으로 표현하고자 한다. 무기력감에 대한 격렬한 반응은 무방비함을 인정하지 않으려고 온몸으로 저항하려는 시도 때문에 나타난다. 그렇다면 무기력감에 우리는 어떻게 대처해야 할까? 나는 무기력감을 인정하고 허용하는 것이야말로 무기력감에 대처하는 최고의 방법이라고 생각한다. 스스로가 무기력하다는 것을 아는 데 그치는 것이 아니고, 몸 전체로 무기력감을 있는 그대로 느껴야 한다. 나에게 무기력감을 허용한다는 말은 무방비 상태를 인정하고 자신의 약점을 신체적·정신적으로 허용한다는 의미다.

장기적으로 볼 때 무기력감을 인정하는 경험과 친해지는 것은 우리 자신에게 도움이 된다. 스스로를 인격적으로 완성하려고 할 때 자신의 나약한 부분도 인정해야 한다. 이런 관점에서 볼 때 무기력감으로 인한 스트레스 상황은 자신의 내면에 있는 경험들과 친해지는 과정이 얼마나 진전되었는지를 가늠할 수 있는 척도가 되어준다.

무기력감이 찾아오면 현재에 관심을 가지고, 자신의 몸 상태를 느끼고, 의식적으로 호흡을 하는 것 등이 도움이 된다. 해야 할 일이 갑자기 휘몰아치는 상황에서 내가 나를 어떻게 마주할 것인지를 뚜렷하게 의식하며 자신을 점검하는 것도 도움이 될 수 있다. 이 말은 감정이 과열되는 상황을 중단시키고, 스스로 이성과 의지력을 적극적으로 되찾는 태도를 갖추라는 의미다. 이렇게 하면 무기력감이 찾아오는 속도는 점점 느려진다.

나는 일상생활에서 일반적인 통제를 벗어난 활동은 매우 적다고 생각한다. 아까 언급했던 자신의 나약한 면을 통합하는 과정도 내적인 평화를 이루는 작업이라고 본다. 수면에 무언가 닿았을 때 동심원이 안에서 밖으로 퍼져 나가듯, 내적인 평화를 이루는 과정도 우리의 내부에서 외부로 점차 퍼져 나갈 수 있다.

나는 부모가 스스로를 위해 '안전 기지'를 만드는 것이 특히 중요하다고 생각한다. 내면의 도피 장소를 만드는 것이다. 스포츠 경기를 보는 일부터 명상을 실천하는 행위까지 모두 안전 기지가 될 수 있다. 무기력감을 느끼게 만드는 육아에서 잠시 벗어나 숨을 돌릴 수 있는 일을 해야 한다."

아이와 끈끈한 관계를 계속 유지하고 싶다면 당신이 감정 이입을 할 수 있느냐 여부를 점검해봐야 한다. 감정 이입이란 함께하는 사람의 감정을 느끼고 이해할 수 있는 능력이다. 다른 사람의 느낌에 공감하는 능력이라고도 부른다. 감정 이입은 자기 자신을 제대로 인식하고 파악할 수 있는 데서 시작된다.

'자신의 감정을 인식할 수 있다면 다른 사람의 감정을 인식하고 파악하는 것이 가능하다'라는 말은 상당히 논리적이다. 이 말을 뒤집어도 논리적인 결론이 나온다. '자신의 감정을 제대로 인식하지 못하면서 도대체 어떻게 아이의 감정을 알 수 있을까?' 하는 결론 말이다.

자신의 감정에 솔직하자

심리분석가 나디아 홀슈타인(Nadja Holstein)의 조언

"'무기력감을 느낀다'라는 말은 '힘을 가졌다'라는 말과 정반대 의미다. 힘이 없으면 무기력해진다. 어떤 상황이 벌어졌을 때 권한이 없다는 말은 통제력을 상실했다는 말과 같다. 무기력한 느낌은 우리가 여자로서, 엄마로서 굉장한 부담을 느끼고 있으며 우리가 원하는 것, 할 수 있는 것보다 더 많은 역할을 수행하고 있다는 징후다.

나는 특히 여자와 엄마의 역할, 엄마들이 아이와의 갈등 상황에서 체험한 무기력감에 대해 말하려고 한다. 많은 엄마들이 '내가 무엇을 잘못했을까?', '내가 엄마로서 충분히 잘하고 있는 걸까?', '왜 아이들은 시키는 대로 말을 듣지 않을까?', '어째서 아이들은 제멋대로 굴까?'라고 묻는다. 그리고 그때마다 엄마로서 실패했다는 죄책감이 엄습한다. 남편의 눈길 한 번, 아이의 뾰족한 한마디만으로도 우리는 대번에 스스로를 실패한 아내, 부족한 엄마라고 느낀다. 무기력감이 순식간에 엄마를 지배하는 것이다.

그러나 다시 생각해보자. 엄마는 전지전능한 존재가 아니다. 아이들이 성공을 거두고 주변과 사회의 요구를 충족시키면 그것은 엄마 혼자서 이뤄낸 업적이 아니다. 아이가 성공을 거두지 못하고 사회와 주변의 요구를 충족시키지 못해도 역시 엄마 혼자만의 잘못이 아니다. 사람은 모두 자신만의 특성을 가지고 있으며 아이도 마찬가지다. 이런 특성은 타고난 기질과 주위 환경이 뒤섞여 만들어진다. 엄마의 영향은 중요하지만 또 제한적이기도 하다.

이제 우리가 엄마로서 영향을 줄 수 있는 것이 뭔지 살펴보자. 당신이 엄마로서 무기력감을 느낄 때는 스스로에 대한 통제를 잃고 제정신이 아닌 상태가 된다. 그리고 이런 상황에서 실제로 무언가 할 수 있는 힘이 전혀 없다는 사실이 고통스럽게 느껴진다. 실망스럽지만 너무 절망하지는 말자. 당신은 힘이 없는 것도 무기력한 것도 아니다. 자신의 감정과 상황을 통제할 힘은 언제든 되찾을 수 있다.

무기력한 느낌에 대항하려면 우리가 무엇을 할 수 있을까? 답은 간단하다. 우리가 하는 일에 대해 책임을 지면 된다. 이렇게 함으로써 우리는 자신의 신념과 가치를 점검하고 주어진 상황에 따라 신념과 가치를 새롭게 정의할 수 있게 된다. 말하자면 다른 사람들의 말을 흘려듣고, 자신의 부모님이 설교했던 것을 뒷전으로 생각해도 된다는 의미다.

이제 우리는 어른이다. 어린 시절에 받아들였던 가치들 중 어떤 것이 현재에도 적합한 가치인지, 어떤 가치를 인정해야 하는지, 어떤 가치를 신중하게 생각해야 하는지, 어떤 가치를 새로 정의 내려야 할지 결정할 수 있다. 스스로에게 '지금 중요한 것은 무엇인가?', '욱할 때마다 어떤 대가가 생기나?' 하고 물어보자. 자신의 결정에 대해서는 스스로 책임을 져야 한다. 뚜렷하고 분명한 자신의 결정이어야 한다. 그리고 내린 결정에 당당해야 한다. 그래야 아이들이 부모의 결정을 잘 받아들이게 된다.

나아가 아이들도 어른들처럼 자신만의 결정을 내리고 자신만의 생각이나 의견, 분노나 슬픔 등의 감정을 가질 수 있다는 점을 인정하자. 단, 아이들에게는 부모와 다른 규칙을 적용해야 한다. 아이들은 실수를 저질러도 된다는 규칙 말이다.

자신이 하는 일이나 행동에 책임을 지고 확고한 의식을 가지고 결정한다면 더는 어린아이처럼 행동하지 않게 될 것이다. 어린아이처럼 퇴보하는 행동은 부담을 느꼈을 때 나타난다. 이때 어떻게 대처하는지에 따라 당신이 어른인지, 어린아이인지 결정된다. 유치한 행동으로 퇴행하는 것은 어린 시절의 경험을 통해 패턴화되는데 이는 우리의 성장과 발전을 방해한다.

당신이 6살짜리 아이에게 욱했을 때, 당신은 몇 살인 것 같은가? 스스로를 어른스럽다고 느끼지는 않을 것이다. 어쩌면 아주 작은 아이였을 때처럼 무기력하다고 느꼈을지 모른다. 어린 시절의 행동 패턴은 어른이 되어서도, 부모가 되어서도 무의식적인 영향을 끼친다. 그러나 우리는 성찰을 통해 혼자서도 많은 일을 잘 해낼 수 있고 문제 상황을 해결할 수도 있다. 자신의 안녕, 남편의 안녕, 아이의 안녕을 위해 어린아이 같은 행동 패턴을 떨쳐 내보자.

자신의 내면을 관찰하고 이미 벌어졌던 상황에서 잘못을 저질렀던 자신의 행동을 앞으로 변화시키는 방법을 배우면 무기력감이 덮쳐오는 상황이 더욱 적어질 것이다. 이런 과정을 통해 스스로에 대한 의구심과 비판은 가라앉고 자존감이 상승한다. 당신이 어떤 행동 방식을 수용하는지, 어떤 행동 방식을 거부하는지 또 자신이 설정한 기준과 한계를 넘어섰을 때 어떤 결과가 따를 것인지를 아이에게 분명히 해도 된다.”

홀슈타인 박사의 결론에 영국의 소아과 의사이자 심리분석가인 도날드 위니콧(Donald Winnicott)의 말을 덧붙이겠다. 위니콧은 1963년에 '충분히 좋은 엄마(Good Enough Mother)'라는 아주 인상 깊은 개념을 말했다. 그는 엄마의 실수 또한 아이의 성장을 촉진시킨다는 점을 발견했다. 엄마가 모든 욕구를 충족시켜줄 수 없다는 사실을 배우기 때문에 아이는 엄마의 실수에서도 이익을 얻는다는 것이다.

엄마의 실수를 통해 아이는 용감하게 외부 세계로 관심을 확장한다. 만약 엄마가 아이의 모든 욕구를 100% 충족시켜준다면 엄마도 영원히 성장하지 못하고 아이와 함께 작디작은 존재에 머무른다. 아이들은 '엄마는 누구인가?', '나는 누구인가?'를 절대 배우지 못하게 되는 것이다. 이렇게 되면 독자적인 '나', 다시 말해 자의식을 발전시킬 수 없다. 그리고 어쩌면 생존 능력도 키우지 못할 것이다.

거듭 말했다시피 우리는 때로 분노해도 된다. 약해도 되고 피곤해도 되고, 부담이 과도하다고 느껴도 된다. 그리고 우리는 욱해도 된다. 부정적이든 긍정적이든 자신의 감정을 받아들여야 아이를 대하는 것이 더욱 쉬워진다.

자아를 키우는 연습하기.

- 정확히 몸 어디에서 분노가 치밀어 오른다고 느끼나요?

- 분노의 징후를 어디에서 느끼나요?

- 분노가 어떻게 시작하고, 어떻게 솟구치는지 구체적으로 적어보세요.

이해하기 위해 경청하라

사람들이 함께하는 곳에는 항상 갈등이 있다. 사람들이 모이면 갈등은 이미 사전에 계획된 것이나 마찬가지다. 좁은 공간에서 함께 살고 감정적인 요인들이 뒤섞인 가족 관계에서는 서로 다른 의견이나 소원, 가치, 욕구, 생각에 의해 갈등이 발생한다는 사실이 조금 더 분명해진다.

"갈등을 피하려면 결국 사람들을 전부 피해야 한다."

\- 예스퍼 율

가족 내의 갈등은 법정 싸움을 하거나 치고받고 복싱을 하는 대신 대화로도 해결할 수 있다는 특징이 있다. 물론 갈등에 관련된 사람 모두가 해결 방안을 제시하는 대화에 만족하리라는 보장은 할 수 없다. 하지만 대화는 거의 대부분의 상황에서 갈등을 원만하게 해결한다. 성공적인 대화의 특징은 다음과 같다.

- 편견 없이 경청하기
- 변명하지 않기
- 다른 사람의 새로운 면을 경험하기

* 다른 사람을 진지하게 받아들이기
* 이해심 보이기
* 자신을 비판적으로 대하기
* 함께 방법을 찾기
* 진실한 피드백을 주기
* 자신의 생각, 느낌, 가치를 직접 말로 표현하기
* 다른 사람의 입장을 들어보기
* 함께 합의점을 찾기

'대답하기 위해서만 경청하지 말고 이해하기 위해 경청하라'라는 말이 있다. 이런 대화 습관을 완전히 자신의 것으로 만드는 방법은 다양하다. 훌륭한 책들이 있고, '대화 기술 강의'나 '폭력 없는 의사소통' 등의 세미나도 찾아보면 많이 있을 것이다. 이 모든 대화 기술들에는 '다른 사람의 말을 경청하지 않으면 대화의 내용 없이 방법만 남는다'라는 중요 포인트가 담겼다. 아이의 말이 귀찮더라도, 당신을 화나게 만들더라도 자세히 듣고 이해해주자. 어린 시절 부모님이 당신의 말을 제대로 들어주지 않는다고 느꼈을 때 속상해했던 그때의 그 감정을 떠올려보면 아이의 말을 경청하는 것도 그리 어렵지 않을 것이다.

"의사소통의 가장 큰 문제는 우리가 상대방을 이해하기 위해 경청하지 않는다는 데 있다. 대답하기 위해서는 먼저 들어야 한다."

- 앤서니 피카(Anthony Pica)

또한 보호받는다고 느끼는 안정감도 중요하다. 안정감은 엄격한 태도나 규칙, 결과를 통해 얻을 수 있는 것이 아니다. 당신이 엄마아빠로서 어떤 사람이고, 무엇을 책임지고 있는지 분명히 했을 때 아이는 보호받는다고 느낀다. 보호받고 있다는 안정감은 부모가 아이를 지지해줬을 때 생긴다.

그렇다고 해서 무조건적으로 아이가 원하는 것을 해주란 말은 아니다. "그만 해, 멈춰", "여기까지만 참을 거야. 더 이상은 안 돼!", "여기가 넘어서지 말아야 하는 선이야"라고 말하면서도 아이에게 안정감을 전달할 수 있다. 아이에게 다른 사람이 참을 수 있는 경계를 존중하는 방법을 알려주면서 서로를 정신적으로 지지해줄 수 있다는 걸 가르치면 된다.

다른 사람이 자신의 경계를 존중하기를 원한다면 당신도 당연히 다른 사람의 경계를 존중해야 한다. 아이의 경계를 존중해주는 것은 물론이다.

아이에게 무언가를 시키려고 할 때 "어떻게 해야 할까?"라고 묻는 대신 '아이가 자신의 경계를 침범당했다고 느끼지 않으면서도 스스로 행동하게 하려면 내가 무엇을 해야 할까?'라고 물어보자.

때때로 부모가 겪고 있는 정신적인 통증의 일환으로 감정 둔화 증상이 오는 경우가 있다. '얘가 지금 또 무슨 일을 저지른 거야?!'나 '그래, 나도 어렸을 때 많이 혼났지만 그렇다고 망가진 어른으로 자란 건 아니잖아? 애들은 혼쭐도 나봐야 돼'라는 생각에서 벗어나 아이를 대하는 자신의 언어와 행동을 주의 깊게 관찰해보자. 그러면 감정 이입을 배울 수 있을 것이다. 아이들은 원래 다 그렇게 자란다. 당신이 그랬던 것처럼 말이다.

"제가 어린 시절 겪은 경험들이 너무 기억에 깊이 남아서인지 저희 엄마아빠의 낡은 육아법을 되풀이하는 일들이 자주 있었어요. '그런 척하지 마!'라는 말이 머릿속에서 울리죠. 종종 아이들에게 입 밖으로 내뱉기도 했어요. 그런 말을 하면 아이들은 제가 왜 그러는지, 무슨 일로 그러는지 전혀 몰라요. 완전히 당황한 눈으로 저를 바라보기만 해요. 심하면 엉엉 울어버리죠. 그런데 아이를 대하는 관점을 바꿔보고 아이의 입장을 이해할 수 있게 되자 갑자기 부모의 힘이라는 게 더 이상 중요하지 않았어요. 부모의 생각을 관철시키는 것이나 내가 아이에게 얻어내는 것이 무엇인지 따지는 게 중요하지 않았죠. 아이가 세상을 다르게 보고, 자신의 의견을 언제든 말하도록 키우고 싶어요. 제가 이런 태도로 아이들을 대하면 저와 아이들 모두 만족한다는 것을 분명히 느낄 수 있어요."

- 최근 육아관을 바꾼 엄마 O

힘겨루기에는 승자와 패자가 있는 게 원칙이다. 싸움이 벌어지면 둘 중 한 사람이 이기기는 하지만 더 이상 둘 사이에 평화나 존엄, 존경, 신뢰, 사랑은 없다. 갈등을 극복할 때 힘은 아무런 역할을 하지 못한다.

어떤 일에 대한 결과 때문에 혼쭐이 나야 한다는 생각에 대해 한마디를 더 붙이자면, 이것은 처벌과 거의 똑같다고 말하고 싶다. 우리가 한 행동에 대한 합당한 결과는 불쾌하거나 고통스러울 수 있지만 인간으로서의 가치를 의심하게 만들지는 않는다. 그러나 처벌은 인간으로서의 가치를 의심하게 만든다.

자유교육 전문가 안드레 슈테른은 한 인터뷰에서 '긍정적이고 미래 지향적인 태도를 위한 네 가지 기본 가치'에 대해 언급했다. 신뢰와 연대감, 무조건적인 사랑, 열정이다. 이 네 가지 기본 가치는 새로운 육아의 세계로 당신을 초대할지도 모른다. 거울 속 자신의 모습을 들여다보듯 아이를 '거울의 안쪽으로 들어오게' 하고, 믿음을 갖게 하는 초대 말이다. 아마도 누군가는 거울 안쪽에 조금 더 오래 머무르고 싶을 것이다. 우리가 연대감이 존재하는 쪽에 머무르며 보내는 모든 시간은 아이의 어린 시절을 위한 축복이다.

스스로를 위해 잠깐 시간을 내자. 그리고 사랑스러운 아이를 바라보자. 아이에게서 당신이 높이 평가하는 가치를 찾고 그것이 무엇인지 아이에게 들려주자.

엄마의 생각

아이의 문제 행동에 화내지 마세요

무기력감과 분노가 뒤섞이면 상황은 매우 복잡해진다. 나는 무기력한 상황에 처했을 때 달리는 기차 위에 납작 엎드려 있는 느낌, 그런데 뛰어내릴 수 없는 것 같은 느낌이 든다. 기차가 달리는 속도가 너무 빠르다. 게다가 맥박도 점점 빨라지고 호흡이 가빠지는 것처럼 몸에 나타나는 징후들의 속력도 빨라진다.

견딜 수 없는 무기력감!

나는 특히 이번 단계의 시작 부분에서 이미 언급했듯이 '작은 아이의 화장실 거부' 문제에서 오는 무기력감을 참을 수 없었다. 2년 넘게 기저귀가 필요 없었던 5살짜리 아이는 당연히 화장실에 가서 볼일을 봐야 한다는 게 내 생각이었다. 그런데 아이의 화장실 거부 행동 때문에 이런 생각이 흔들렸다.

아이에게 "외출하기 전에 빨리 화장실 가!"라고 말한 것이 아이의 화장실 거부를 더 심각하게 만들었는지, 아니면 시간이 지나면서 아이가 화장실에 가는 상황을 점점 예민하게 받아들였는지는 정확히 알 수 없다. 그러나 몇 주가 흘러도 상황은 나아지지 않았다. 그러다 마침내 분노가 폭발했다. 나는 아이가 화장실을 가지 않으려고 했기 때문에 욱해서 화를 쏟아냈다.

그런데 잠깐 생각해보자. 나는 왜 아이가 화장실에 가는 것을 통제하려고 했을까? 물론 내 입장에서는 이유가 분명히 있었다. 나는 자동차로 10분 정도를 달리다 말고 길가에 차를 세우고 싶지 않았다. 볼일이 급하다는 아이 때문에 덤불을 찾고 싶지도 않았다. 매일 밤 소변에 젖은 바닥을 닦고, 이불과 잠옷을 세탁하고 싶지도 않았다. 그러면 아이는 어땠을까? 아이는 화장실에 가라는 말을 들을 때마다 무시당하는 기분이 들었고, 꾸지람을 듣는 것 같았고, 자신을 엄마가 진지하게 여기지 않는다고 느꼈다.

나는 이런 사실들을 시간이 지난 후 분명히 느꼈다. 그래서 아이에게 낮에는 화장실에 가라는 말을 더 이상 하지 않겠다고 이야기했다. 그러자 아이는 내 말을 굉장히 고맙게 받아들였다. 우리 모두를 위해 밤에는 화장실에 가라고 할 때 기꺼이 갔으면 했지만 이따금씩 아이는 내 말을 따라주다가도 내키지 않으면 내 말을 들어주지 않았다. 그 이후로도 이불은 젖고는 했다.

세상의 좋은 의도와 이성적인 판단은 아이에게 납득할 만한 충분한 근거가 아니다. 부모의 입장에서만 생각하면 안 된다. 물론 참을 수 없는 무기력함이 찾아온다고 하더라도 말이다. 아이가 부모의 말을 납득하고 따르면 좋겠지만 그렇지 않을 수도 있다는 상황을 받아들여야 한다.

함께 해결책을 찾아요

앞서 임상심리학자 이사벨 후타르쉬가 우리는 이런 무기력한 느낌을 참을 수 없기 때문에 해결책을 찾으려고 노력한다는 말을 했다. 아주 정확히 지적했다. 해결책을 찾는 것 또한 함께 어떤 일을 해나갈 때 마주치는 과정이다. 나는 아이도 해결책을 찾는 노력을 함께 했을 때 내 말을 더 잘 받아들인다는 사실을 경험을 했다.

화장실 거부 문제 때문에 나와 아이는 몇 주 동안 서로 눈치를 보고, 다투고, 신경질을 냈다. 서로를 이해하지 못한다고 느꼈고 서로를 진지하게 받아들이지 않는다고 여겼다. 우린 서로에게 비호감이었다.

그런데 함께 해결책을 찾고 난 후에는 문제가 너무나 간단하게 보였다. 나는 문득 작은아이에게 아직까지도 자기만의 잠옷이 없다는 사실을 알아차렸다. 아이는 몇 년 전부터 언니의 잠옷을 물려 입고 있었다. 잠옷은 예뻤지만 아이의 취향이 아니었던 것이다.

나는 아이에게 잠옷을 사러 가자고 했다. 그리고 원하는 잠옷을 혼자 고르고 결정하게 해주겠다고 말했다. 아이에게 새 잠옷이 생기면 다시 화장실에 잘 가겠냐고 묻자 눈을 커다랗게 뜨더니, 방긋 웃으면서 "네!"라고 대답했다. 이렇게 하여 우리는 잠옷을 사러갔다. 아이는 토끼와 고양이, 강아지가 그려진 파스텔 톤의 잠옷을 골랐다. 이후로는 더 이상 화장실 거부 문제가 없다. 어떨 때는 해결책이 이렇게 가까이에 있다는 사실이 믿기지 않는다.

모든 감정 뒤에는 욕구가 숨어 있어요

엄마를 미치게 만드는 아이의 행동은 어른과 달리 아직 감정을 조절하지 못하는 데서 출발한다. 아이든 어른이든 감정 뒤에는 욕구가 숨어 있다. 우리집의 경우도 마찬가지였다. 아이는 "지금 화장실에 안 가도 돼?"라는 질문에 통제를 받았고, 스스로 결정하고 싶었던 아이의 욕구는 진지하게 받아들여지지 않았다. 외출하기 전에 내가 언니에게도 화장실에 가라고 말하는지 아닌지, 엄마가 다시 한 번 만약을 위해 화장실에 가든 말든 화장실을 거부하던 아이에게는 전혀 상관없는 일이었다.

이때 문제 상황을 해결하려면 전적으로 아이에게 스스로 결정하여 행동할 수 있게 해줘야 한다. 자기 의사대로 결정하는 것이 아이에게는 합당한 일이고 납득할 만한 일이기 때문이다. 겨우 5살인데도 아이들은 매우 독립적인 존재다.

근본적으로 아이들은 부모의 말에 협조하려고 한다. 물론 아이들은 아직 자신의 기준이나 경계가 확실하지 않고, 자신이 원하는 시간이나 공간이 부모가 원하는 것과 일치하지 않기도 한다. 그러나 우리는 독자적인 인간이다. 서로에게 기대를 하거나 인내하는 원인을 덮어씌우는 방식은 관계를 제대로 작동하지 않게 만든다.

또 아이가 상처를 받거나 부담을 느끼면 부모에게 협조할 마음이 사라진다. "아우, 엄마는 춥다! 옷 좀 더 껴입어!"라고 해봤자 소용없다는 말이다. 자신의 상태가 이러저러하기 때문에 아이도 똑같은 상태일 것이라고 여기지 말라는 의미이기도 하다. 부모와 아이의 기본적인 욕구나 상태가 항상 똑같을 수 없다. 대개 욕구나 기대는 부분적으로만 겹쳐져 있을 뿐이다. 그러나 많은 부모가 자신의 욕구와 아이의 욕구를 동일시하고, 자신의 욕구를 아이에게 전가하는 경향이 있기 때문에 육아 상황이 갈등으로 치닫는다.

'나한테 그게 왜 중요하지?', '아이가 스스로 결정할 수 있도록 하고, 내가 일부분만 통제하는 방법은 없을까?'에 대해 스스로에게 물을 때 육아 상황에서 벌어지는 문제를 조금 더 유연하게 다룰 수 있을 것이라고 생각한다. 그래야 부모와 아이가 모두 윈-윈하는 해결책을 찾는다.

해결책은 때로 충분히 심호흡을 하고 나면 불현듯 떠오르기도 한다. 그러니 욱하는 대신 잠시 한 발짝 물러나 여유 있는 시간을 갖고, 숨을 깊게 들이마시고 내쉬어보자. 뜻하지 않게 문제를 해결할 방법이 찾아올 수도 있다.

부모는 아이를 인도하고 안내하는 역할이라는 인식을 해야 한다.
이런 인식은 아이가 자발적으로 부모에게
협조하게 되는 기본적인 토대가 되어준다.

소리지르는 육아 그만두기
6 단계

욱보다 효과가 좋은
실용적이고 구체적인 노하우

아이들은 3~10분 간격으로 꾸중을 듣고, 욱하는 말을 듣고, 벌을 받는다는 연구 결과가 있다. 특히 장을 보러 나간 마트에서 이런 일이 더 자주 일어난다. 분명히 부모도 아이도 원하지 않는 부작용들이 생기는데 왜 아이들은 그렇게 자주 혼날까? 혼내는 행동은 아이의 자의식에 상처를 입힐 뿐 기대만큼 학습 효과도 크지 않다. 게다가 부모와 아이의 관계를 흔든다.

육아는 관계를 기반으로 작동한다. 다시 말해, 부모와 아이의 관계가 좋아야 육아도 원활해진다. 또 관계를 어떻게 이끌어가고 어떻게 육아를 할 것인지에 대한 태도나 입장도 중요하다. 한쪽으로 치우치지 않는 균형 있는 태도를 갖춰야 하고 관계를 형성할 때

가급적 아이의 입장에서 바라봐야 한다. 또 부모는 아이를 이끌고 안내하는 역할을 맡았다는 사실을 제대로 인식하는 자세를 갖춰야 한다. 이런 태도는 아이가 자발적으로 육아에 협조하도록 만드는 기본적인 토대가 되어준다. 만약 아이가 이런 부모의 태도를 사랑으로 느끼고 받아들이면 육아는 굉장히 수월해진다. 매번 갈등 상황을 두고 아이와 벌이는 팽팽한 힘겨루기를 할 필요가 없고, 문제 상황도 한결 가벼워진다.

앞으로 욱하는 대신 구체적으로 무엇을 해야 하는지, 아이를 인정하고 존중한다는 태도를 어떻게 보여줄 것인지에 관한 아이디어를 제안할 것이다. 내가 제안하는 아이디어는 상당히 구체적이지만 이것을 비법으로 간주해서는 안 된다. 또 이런 대안을 육아에 적용한다고 해서 반드시 성공적인 결과를 거둔다는 보장도 없다. 다만 이런 대안을 적용하면 일상을 보다 수월하게 만드는 아주 좋은 기회를 얻게 될 것이다.

다음 대안의 기본 태도는 '아이를 동등하게 존중하는 자세'다. 아이를 존중하는 자세로 육아를 해도 효과가 곧바로 일어나지는 않는다. 또 곧바로 성공적인 결과가 나타나지도 않을 것이다. 그렇다고 해도 포기하지 말고 아이를 동등하게 대하는 태도를 유지하길 권한다. 백만 번의 반복이 필요하다. 또 백만 번 반복을 하는 것쯤은 기본이다.

아이를 동등하게 대하는 일곱 가지 대안 행동

1. 본 것을 그대로 말한다

이 대안은 '아이가 가진 가치를 높이 평가하고 있다'라는 부모의 메시지를 어떻게 전달하고, 또 어떻게 해야 아이의 협조를 높일 수 있는지와 관련된 대안이다. 어떤 상황이 벌어졌을 때 곧바로 욱하는 말을 하는 대신 먼저 눈에 들어오는 것을 있는 그대로 표현하는 말하기 방법이다. 예를 들어, "화장실 불 좀 꺼! 도대체 몇 번을 더 말해야 알아들을 거야?"라고 말하는 대신 "지호야, 화장실에 불이 아직 켜져 있어"라고 말한다.

본 것을 그대로 말로 표현하는 연습을 해두면 육아 상황이 아니더라도 살면서 겪는 수많은 상황을 원활히 넘길 수 있다. 자칫 예민해질 수 있는 상황에서 감정을 차분하게 만들고, 많은 오해를 예방하게 될 것이다. 또한 '나는 특정 가치관이나 고정관념에 얽매이지 않는다'라는 태도를 상대방에게 전달할 수도 있다. 다른 사람에게 부정적으로 평가받고 싶은 사람은 아무도 없지 않은가? 그러니 평소 눈앞에 벌어진 상황을 말로 표현하는 연습을 해서 감정이 고조되는 상태를 미리 예방하길 권한다.

본 것과 인식한 것을 그대로 말하는 연습은 다른 이점도 준다. 때론 당신이 상황을 제대로 인식했는지 불확실한 순간도 있다. 이

때 보이는 그대로 말하면 자신이 생각하는 것이 실제로 상대방이 받아들인 상황과 일치하는지의 여부를 직접 물어보는 것이 된다. 물론 경우에 따라서는 묻는 대신 혼자 상황을 평가하고 해석하면 문제를 조금 더 빨리 해결할 수 있다. 하지만 자신의 평가와 해석이 항상 올바른 것은 아니라는 점을 기억해야 한다.

육아는 태도의 문제다. 새로운 태도를 받아들이기까지는 연습이 필요하다. 그러므로 오늘부터 당장 연습을 시작하라고 권하고 싶다. 평가하고 해석하기 전에 먼저 상황을 관찰하자. 사랑하는 아이들을 호기심 어린 눈으로 바라보자. 잘 알고 있다고 여겼던 아이들에게서 얼마나 새로운 면들이 많은지 알게 되면 깜짝 놀랄 것이다.

이 연습을 조금 더 쉽게 하려면 다음의 세 가지 성찰을 해보는 게 좋다. 첫 번째, 아이를 정확히 관찰한다. 두 번째, 나와 아이의 관계를 생각해본다. 세 번째, 나의 어린 시절을 성찰해본다.

2. 정보를 준다

아이의 자발적인 협조를 높이고, 관계를 촉진시키고, 욱을 덜 하려면 아이를 비난하는 대신 정보를 주면 된다. 예를 들어, "또 우유를 밖에 꺼내놨잖아"라고 말하는 대신 "우유는 냉장고에 넣어야 돼"라고 말하는 것이다.

- 아이의 특성이나 성격, 기질, 행동 등을 묘사해보세요.

- 아이가 가진 것 중 무엇을 특히 높이 평가하나요?

- 아이를 어떻게 존중하고 높이 평가하는지 써보세요. 아이에게서 본 것을 쓰면 됩니다.

- 당신과 아이의 관계를 유일무이하게 만드는 것은 무엇인가요?

- 아이를 대하는 자신의 태도가 어떤지 서술해보세요.

- 아이와의 관계에서 잘 되는 것은 무엇인가요?

- 아이와의 관계에서 겪는 어려움은 무엇인가요?

- 앞으로 아이에게 무엇을 해줄 생각인가요?

누군가 자신이 저지른 실수를 지적했을 때 이를 개인적인 공격으로 받아들이지 않으면 싸울 필요가 없다. 우리는 때로는 흥분하고, 때로는 부담을 느끼고, 때로는 너무 조급하게 굴기 때문에 결과적으로 일을 100% 완벽하게 처리할 수 없다. 아이인 시기에는 많은 것을 배우고 익혀서 그것을 자신의 습관으로 만들어야 한다. 어른들은 당연하게 여기는 것들도 아이들에게는 당연한 것이 아니다.

사실 우리도 무언가를 경험하고, 그것을 습관으로 만들기까지 굉장히 오랜 시간이 걸렸다. 그러니 상황을 중립적으로 바라보는 시각을 갖고 아이에게 지금 당장 필요한 정보를 주고 어떤 과정을 제대로 마칠 수 있는 정보만 주자. 그러면 과도하게 예민해지는 상황을 방지할 수 있다. 또 아이와의 관계는 보다 유연해지고 원활해질 것이다.

3. 짧게 한마디로 말한다

이 대안은 욱 대신 부모가 할 수 있는 것이 무엇인지 알려주는 대안이다. 아이에게 장황하게 잔소리를 늘어놓는 대신 짧게 딱 한마디로 말하자. 그러니까 "밤마다 이렇게 난리를 쳐야겠어? 멍청한 짓만 골라서 하고, TV 때문에 신경질이나 부리고, 이제 하다하다 결국 소리까지 지르고! 야, 김민수! 너 아직도 안 씻었지?"라고 말하지 말고 간단하게 "세수해"라고 말하는 것이다.

어른들은 연설을 하듯이 말을 장황하게 한다. 그 말을 아이들이 귀담아 들을까? 말 그대로 한쪽 귀로 들어가 한쪽 귀로 나온다. 그리고 언젠가는 정말로 아예 듣지 않을 것이다. 아이들은 어른들이 전하려고 하는 본질적인 메시지는 알아듣는다. 따라서 메시지를 담고 있는 매우 짤막한 버전이면 충분하다. 짧게 말해도 아이들은 무슨 뜻인지 아주 잘 알아듣는다.

여기서 중요한 것은 말하는 목소리의 톤이다. 아이를 존중하는 태도를 유지하면서 아이를 원하는 길로 인도하고 안내하는 역할을 하려면 톤을 주의해야 한다. 웃는 얼굴로 부드럽게 "세수해"라고 말하는 것과 화난 표정으로 "세수해!"라고 소리지르는 것에는 엄청난 차이가 있다. 어떤 태도로 어떤 말을 하느냐에 따라 아이들이 말을 듣느냐 마느냐가 달려 있다는 사실을 명심하자. 부모의 긍정적인 태도와 말이 아이와의 관계의 질적인 영향을 미친다. 다시 말해, 아이와의 관계를 보다 쉽게 만든다는 뜻이다.

4. 느낀 것을 말한다

아이와 좋은 관계를 형성하고 싶은가? 아이의 협조 의사를 높이고 싶은가? 욱을 덜 하고 싶은가? 그렇다면 여기 참고할 만한 아이디어가 있다. 아이의 행동이나 벌어진 상황을 평가하는 대신 자신의 느낌에 대해 말하면 된다. 예를 들어, "정말 존경심이라고는 하나도 없구나! 내가 말할 때마다 중간에 끼어들어?"라고 말하는 대신 "내가 너한테 할 말이 있는데, 그걸 다 말하지 못하면 굉장히 기분이 안 좋아"라고 말한다.

느낌을 말한다고 해서 즉, 자신의 관점을 중심에 둔다고 해서 다른 사람에게 상처를 주는 것은 아니다. 오히려 상대방은 당신의 느낌을 통해 상황에 쉽게 공감할 수 있기 때문에 더욱 적극적으로 협조할 것이다.

물론 상대방의 입장이나 느낌을 지레 짐작하여 말하지 않고, 'I(나) 메시지'로 말해야 한다는 전제 조건이 있다. 오직 스스로에 대해서만 말하자. 상대방에 대해서는 언급하지 말자. 자신에 대해 단정지어 말하는 걸 좋아하는 사람은 아무도 없다. 이 아이디어를 명심하고 실행하려면 연습을 많이 해야 한다. 오늘부터 당장 시작하는 것이 좋다.

5. 글로 메시지를 전달한다

다음 제안은 '글로 메시지를 전달한다'이다. 이 제안은 글을 읽을 줄 아는 아이에게 적용할 수 있다. 글로 메시지를 전달하는 방법이 때로는 말로 메시지를 전하는 방법보다 효과적인 경우가 많다. 'TV 보기 전에 할 일을 다 했는지 다시 한 번 생각해봐!'라고 적힌 메모를 TV 화면에 붙여놓거나 '우유를 먹었으면 다시 냉장고에 넣

• 워크시트

- 아이였을 때 당신이 체험한 것은 무엇인가요? 당신에게 모범이 되어준 것은 무엇인가요?

- 욱, 비난과 관련된 경험이 있나요?

- 그때 심정이 어땠나요?

- 그때 당신에게 필요한 것은 무엇이었나요?

어줘'라는 메모를 냉장고에 붙여두는 식이다.

글로 적은 메시지는 해야 할 일을 상기시키고 습관이 되도록 도와준다. 무슨 일이든 수없이 많은 반복과 연습이 필요하다는 것을 모두 잘 알 것이다. 아이들은 지금, 즉 현재를 살아갈 수 있는 뛰어난 능력이 있다. 아이들은 현재의 순간에 열광하고 몰두한다. 그리고 어른들에게는 굉장히 중요한 일이어도 아이는 자신의 관심을 끄는 것이 아니면 전혀 개의치 않고 뒷전으로 밀어내버린다. 아이가 나쁜 의도로 그러는 것은 절대 아니다.

글로 메시지를 남길 때 '사랑해!', '잘 자!'라는 멘트를 함께 남길 수도 있다. 메시지를 글로 써보자. 그러면 전혀 말할 필요가 없다. 효과적일 뿐 아니라 입으로 하는 말과는 달리 글로 적은 메모는 사라지지 않고 붙여둔 그 자리에 항상 남아 있다는 장점도 있다.

6. 말은 적게 하고, 많이 듣는다

어른들은 말이 너무 많다. 대개 똑같은 말을 반복하기 때문에 아이들은 듣는 둥 마는 둥 흘려듣는다. 때로 아이들은 어른들이 자신을 이해하지 못하고, 자신이 하는 말을 들어주지 않는다고 느낀다. 게다가 아무도 관심 없고 신경 쓰지 않는 하찮은 일 때문에 욱하는 말을 듣는다고 여긴다. 이렇게 되면 아이는 자신에게 일어난 일을 부모에게 알리지 않을지도 모른다. 나아가 자신에 대해서 더 이상 아무런 말도 하지 않을 수 있다. 그러므로 적게 말하고 더 많이 경청하자.

아이가 말을 하게 만들고 싶으면 조용히 질문을 하면 된다. 하지만 아이에게 질문할 때 "왜?"라고 물으면 안 된다. "왜?"라고 이유를 묻는 질문은 오히려 대화를 망친다. 자칫 아이의 행동이나 말의 정당성을 입증하라는 듯 추궁하고 압박하는 의도로 들릴 수 있기 때문이다. 차라리 "어떻게?" 또는 "어쩌다가?"라고 묻거나 "뭐를?", "언제?", "누가?", "어디서?"라고 구체적으로 묻는 것이 좋다. "왜?"라는 질문 대신 "어쩌다 그런 일이 생겼어?"라고 물어보자. 그러면 원하는 대답, 즉 아이의 말이나 행동의 이유를 들을 수 있다.

부모가 질문하는 방식에 따라 아이는 더 많은 이야기를 털어놓을 수도 있고 그렇지 않을 수도 있다. 물론 아이가 하는 말들이 모두 부모의 마음에 들거나 항상 좋은 말일 수는 없다. 그러나 가만히 말을 듣다 보면 아이가 굉장히 많이 이야기를 털어놓는다는 사실에 깜짝 놀랄 것이다. 그 이야기를 통해 아이에 대해 더 많은 것을 배우게 된다.

아이가 말한 것을 들어주고 그 사실을 아이가 알 수 있도록 제대로 반응해준다면 아이는 침묵하지 않을 것이다. 아이는 자신의 경험을 부모에게 모두 이야기한다. 말을 하지 않고 부모를 속이는 일도 적어진다. 그리고 부모와 아이 사이의 믿음은 더욱 강해진다.

아이가 털어놓는 이야기에 호기심을 보여주자. 누구를 편들거나 평가하지 말고 가능한 중립적인 태도로 들으려고 노력하자. 아이는 방금 자신이 체험한 세계를 부모와 공유했다. 아이가 좋은 관계를 맺자고 부모에게 초대장을 보내는 것이나 다름없다. 말하자면 뜻깊은 선물을 보낸 셈이다.

7. 위협은 소용없다

어른들은 "말 안 들으면 그때는 정말 혼날 줄 알아!" 식의 표현으로 아이를 위협한다. 위협은 힘겨루기의 단면을 고스란히 보여준다. 한 사람이 다른 사람 위에 서서, 무엇을 해야 한다거나 하지 말라고 명령한다. 이런 관계를 누가 좋아할까? 다른 사람 아래에서 순응하고 싶은 사람이 있을까? 부모와 아이의 관계가 태어날 때부터 이런 형태인 것은 아니다. 그렇지 않은가?

부모가 위협을 실행으로 옮기면 관계는 더욱 악화된다. 아이는 두려움을 느끼거나 냉담한 반응을 보인다. 아이를 위협하는 일을 그만두자. 그리고 정말로 위협을 실행에 옮길 생각이 없으면 함부로 아이를 위협하는 말을 하지 말자. 빈말로 위협을 하다 보면 부모의 말에 대한 신뢰성은 영원히 사라지기 때문이다.

결국 하지도 않을 위협을 일삼는 힘겨루기는 부모와 아이 모두의 체면을 손상시키고 사랑을 깨뜨린다. 아이가 느끼는 두려움이

나 냉담함은 사랑과 거리가 멀다. 위협을 하는 대신 차라리 아이에게 기대하는 바를 아주 구체적으로 말해보는 건 어떨까? 만일 아이가 말을 따르지 않으면 그에 따른 결과를 언급하면 된다. 물론 뒤따를 결과는 지금 벌어진 문제와 분명 관련이 있어야 한다.

예를 들어보겠다. 아이가 아침에 옷을 안 입겠다고 하면 괜히 입히려고 아이와 실랑이를 하지 말고 담담하게 "지금 옷을 입어야 유치원에 갈 수 있어"라고 말한다. 그래도 아이가 옷을 입지 않으면 잠옷 차림으로 유치원에 가게 하자. 대신 유치원 가방에 아이가 갈아입을 옷을 챙겨 넣어주면 된다.

동등한 관계에 있는 사람에게 무언가를 요청할 때는 "아니오"라는 대답을 듣더라도 이를 수긍해야 한다는 점을 다시 한 번 기억하자. 상대방의 "아니오"를 수긍할 마음이 없다면 당신이 한 것은 요청이 아니라 명령이다. 이는 아이와의 관계에서도 마찬가지다.

다시 강조하지만 아이에게 위협을 일삼는 일은 줄여야 한다. 그리고 실행으로 옮기지 않을 위협을 그만두고, 차라리 아이가 부모의 말을 믿을 수 있게 신뢰감을 주자. 또한 생각과 말, 행동을 일관성 있게 분명히 전하라고 권하고 싶다.

✓ 최근에 아이와 겪은 갈등 상황을 묘사해보세요.

✓ 그때 어떤 느낌이 들었나요?

✓ 어떻게 반응했고 어떻게 행동했나요?

✓ 만약 그때와 다르게 행동할 수 있었으면 어떻게 했을까요?

✓ 그렇게 행동하지 못하게 방해한 요인이 있었다면 무엇인지 적어보세요.

✓ 당신의 태도를 바꾸기 위해 필요한 것은 무엇(또는 누구)인가요?

✓ 앞으로 어떻게 할 생각인지 구체적으로 적어봅시다.

당신은 혼자가 아니다

육아를 하다 보면 때로 혼자라고 느끼는 상황이 찾아온다. 그러나 당신은 분명 혼자가 아니다. 오늘날에는 사회적 접촉이 적은 환경이나 외진 곳에 살고 있는 사람들도 다행히 인터넷이라는 멋진 수단을 통해 뜻을 같이 하는 사람들을 찾을 수 있다. 또 다양한 전문가가 진행하는 유익한 강의나 온라인 모임도 있다.

관계 지향적인 육아를 원하고 아이와 눈높이를 맞추며 살고 싶은 부모는 더 이상 혼자가 아니다. 아주 가치 있는 모임이 많으니 그 안에서 가족의 일상을 들여다보며 가족의 삶을 위해 필요한 새로운 육아 원칙을 세워보자. 인터넷에도 도움이 될 만한 블로그들이 많으니 자신과 육아관이 비슷한 블로그나 사이트를 찾아보길 권한다.

방금 언급한 것 외에도 급할 때 구체적인 도움을 얻을 수 있는 경로들이 있으니 참고해보자.

* 온라인 코칭 등록하기
* 온라인 세미나 수강하기
* 팟캐스트 듣기
* 유튜브 채널 구독하기

* E-Book 다운로드해서 읽기
* 맘카페 가입하기
* 문화센터에서 부모교육 강의 듣기
* 핀터레스트에서 관계·교육 분야 보드 살펴보기

인터넷을 검색해 알아봐도 좋고, 아날로그 방식이 익숙하다면 주변에 있는 놀이 모임, 동네에서 열리는 학부모 모임 등을 찾아봐도 좋다. 이런 모임을 통해 다른 부모들과 육아 정보를 교환하다 보면 자신에게 필요한 네트워크를 형성하는 데 큰 도움이 될 것이다. 책을 읽는 것을 좋아하는 사람이라면 예스퍼 율(Jesper Juul)의 《내 아이의 10년 후를 생각한다면》이나 《아파도 "No"라고 말하는 엄마》 등을 추천한다.

당신은 이대로도 충분하다

앞에서 언급한 욱하는 대신 행동하기 좋고 아이를 동등하게 대하는 일곱 가지 대안들 중 한두 개쯤은 이미 당신도 알고 있으며 직접 육아에 적용하고 있을 것이다. 이처럼 당신은 언제나 할 수 있는 한 최선을 다하는 좋은 엄마다! 육아를 해오면서 지금까지 안 되었던 것보다는 잘 되는 일들이 무엇인지에 주목하자. 용기를 내보자! 지금 잠시 하던 일을 멈추고 육아를 하면서 그동안 자신이 잘 해왔던 일이 무엇이었는지 생각해보는 시간을 가지길 권한다. 특히 최근에 어려웠던 일이 있었으면 그 시기에 잘 되었던 점들을 생각해보자. 없으면 그동안 잘 되었던 일들을 떠올려보면 될 것이다.

• 워크시트

육아를 하면서 잘 해왔던 것은 무엇인가요?

그때 스스로를 자랑스럽게 느꼈던 점은 무엇인가요?

그때 기뻤던 점은 무엇인가요?

앞으로 육아를 어떻게 할 생각인가요?

엄마의 생각

욱하는 대신 이런 말과 행동을 해보세요

내가 스스로를 돌아보기 시작한 이유는 내가 아이를 대하는 방식이 문제였다는 걸 어느 순간부터 느꼈기 때문이다. 조금 더 정확히 말하면 나의 스트레스나 부담감, 엄마라는 존재이기 때문에 받는 수많은 요구를 어떻게 다뤄야 할지에 대한 해결책을 찾기 위해서였다. 린다와 처음 나눈 대화에서 얻은 해결책은 '긴급 도움 요청'에 관한 것이었다. "욱하는 대신 할 수 있는 것은 뭘까?"라는 물음에 대한 린다의 대답은 굉장히 다양했고 창조적이었으며, 거의 모든 일상생활에 적용할 수 있다는 점이 특히 좋았다.

엄마가 본 것을 말해요

본 것을 그대로 말로 표현하면 아주 어리더라도 아이들은 잘 이해한다. 게다가 곧바로 반응하기 때문에 앞서 제시한 일곱 가지 대안 중 '본 것을 그대로 말한다'라는 대안은 내가 가장 좋아하는 대안이다. "연필이 바닥에 떨어졌어", "화장실에 아직 불이 켜져 있네", "치약 뚜껑이 열려 있어"처럼 일상에서 흔히 있는 벌어지는 일을 담담하게 말하면 된다.

단, 말하는 타이밍이 중요하다. 나는 이렇게 자칫 엄마 입장에서는 화가 날 수도 있는 상황에서는 적당한 시기를 기다렸다가 나중에 말을 하는 것이 좋다는 사실을 경험했다. 이를테면 아이가 한참 놀고 있는 중이거나 다른 일에 열중하고 있을 때 말하는 게 아니라 아이가 귀를 기울여 엄마의 말을 주의 깊게 들을 수 있는 때를 기다렸다가 말한다.

그렇지 않으면 '내가 무슨 말을 해도 안 듣네'와 같은 생각에 자괴감이 들 수도 있다. 육아를 하면서 이렇게 '뒷전으로 밀려도 되는 사람 역할'을 하기 싫은 것은 물론이고, 이런 역할을 엄마가 떠안는 상황 자체가 불공정하며 불쾌하다고 생각한다. 그러니 아이가 엄마의 말을 들을 수 있는 타이밍에 '본 것을 그대로' 말해보자.

그리고 적절하게 칭찬해주는 반응도 중요하다. 나는 겨우 3살이었던 작은아이에게 "네 연필이 바닥에 떨어졌어"라는 말을 해서 아이의 주의를 환기시킬 수 있었다. 처음에는 아이가 나를 빤히 쳐다보기만 했지만 곧바로 바닥에 있는 연필을 집어서 내 손에 쥐어주었다. 나는 아이에게 "우와!"라며 칭찬을 해주었다. 이렇게 사소한 일이더라도 아이가 스스로 무언가를 해냈을 때 활짝 웃어주면 아이도 긍정적으로 엄마의 기대에 부응하려고 노력한다.

아이의 자립심을 키워주는 생활 노하우

간단한 행동을 아이가 보다 쉽게 할 수 있게 만들려면 먼저 집의 구조나 방의 형태를 정확히 살펴봐야 할 필요가 있다. 예를 들어 현관과 거실은 어떻게 생겼는지 떠올려보자. 아이의 손이 닿는 곳에 옷을 걸 수 있는 고리가 있는지, 재킷을 걸어둘 고리가 한 개쯤은 비어 있는지 등을 말이다. 고리에 아이의 손이 닿지 않거나 옷을 걸어둘 자리가 없으면 재킷은 바닥에 떨어져 있을 것이다. 또 아이의 손이 닿는 곳에 모자나 장갑, 목도리를 넣어둘 공간이 있는지, 가족들이 각자 신발을 놓는 자리가 정해져 있는지도 생각해보는 것이 좋다.

우리집의 경우 아이가 너무 어렸을 때는 아이만 쓸 수 있는 작은 바구니나 상자를 준비해 안에 신발을 넣게 했다. 유치원에 다닐 정도의 나이가 되면 아이들은 신발을 어디에 두어야 하는지, 왼쪽 신발과 오른쪽 신발을 어느 쪽에 놓아야 하는지를 알게 된다. 집의 구조나 방의 형태가 체계적이고 한눈에 볼 수 있게 구성되어 있을수록 아이들은 자신의 물건을 혼자서도 잘 정리한다. 게다가 아이들은 자기 물건을 직접 찾아내고 혼자서도 옷을 입는 상황을 대단히 좋아하며 스스로를 자랑스러워하는 경향이 있다.

아이의 나이가 어려도 혼자서 옷을 쉽게 입고 벗을 수 있게 하는 노하우를 이야기해보겠다. 먼저 아이의 눈높이에 맞는 탁자나 서랍장을 현관이나 거실에 둔다. 아이가 재킷 안쪽 면에 등을 대고 소매에 팔만 쏙 집어넣으면 되도록 탁자나 서랍장 위에 재킷을 안쪽 면이 보이게 펼쳐놓는다. 이렇게 하면 아이가 양팔을 넣은 뒤 아래에서 위로 옷을 끌어올리는 것만으로도 재킷을 제대로 입을 수 있다.

작은아이가 태어난 뒤 손발이 모자랄 정도로 바빴을 때 이런 방법들을 사용했다. 덕분에 '할 일은 많은데 시간은 모자란다'라는 초조함을 덜어낼 수 있었고, 큰아이는 자립심을 훌륭하게 발달시킬 수 있었다. 또 가족 모두가 외출 준비를 빨리 마칠 수 있었다. 지금까지 소개한 노하우 외에도 아이의 편의를 위해 현관이나 거실에 빼놓지 말고 두어야 하는 물건 리스트를 소개한다.

* 아이의 키에 맞춘 물건을 거는 고리
* 목도리나 모자, 장갑 등을 넣을 수 있는 바구니
* 아이의 눈높이에 맞는 거울
* 아이만의 신발을 놓는 자리

짧게 한마디로 말해요

나를 포함해 우리 식구들은 모두 밤에 활동적이다. 우리집의 경우에는 저녁 일과를 보낼 때 마찰 없이 순조롭게 넘어간 적이 거의 없었다. 우리는 밤에 있을 일정이 착착 진행되도록 철저하게 계획을 세워야 했다.

우리집의 저녁 일정은 이렇다. 저녁 식사를 마치고 잠깐 놀이 시간을 갖는다. 밥을 먹으면서 놀이가 어떻게 진행되고 끝날지 설명한다. 아이들에게 "밥 먹고 나서 20분 정도 놀 수 있어. 그런 다음에는 화장실에 가서 세수를 하고 이를 닦아야 돼"라고 간단히 말해준다.

아이들이 어려서 시간 개념이 없었을 때는 놀이 시간이 예상했던 것보다 조금 더 오래 걸리기도 했지만 내가 시곗바늘을 가리키면서 놀이가 끝나는 시간을 알려주는 식으로 놀이를 마무리했다. 때로는 알람을 맞추거나 놀이 시간과 길이가 비슷한 음악을 틀어놓고 음악이 끝나는 것과 동시에 놀이를 마쳤다.

놀이가 끝나고 잠자리에 들 때가 되면 아이들에게 "세수!"라는 말을 해주었다. "자, 이제 화장실로 갈까? 그러는 게 좋겠어. 깨끗이 씻고 자야지"라며 구구절절 잔소리를 하고 설명을 늘어놓는 대신 지금은 이렇게 짧은 말 한마디를 한다.

자립심을 키워주세요

화장실은 의외로 아이들의 자립심을 키워줄 수 있는 중요한 장소다. 사람들이 화장실에서 주로 신경을 쓰는 부분은 바로 자신의 몸이다. 하지만 아이들의 입장도 생각해줘야 한다. 어른들의 기준에 맞춰진 화장실에서 아이들은 자신의 몸을 살펴보기는 힘들다.

아이의 높이에 맞게 따로 세면대를 설치하는 것은 비용이 많이 들고 공사도 까다롭다. 우리집도 아이를 위한 세면대를 설치하지 않았다. 대신 큰아이가 2살쯤 되었을 때 작은 나무 의자를 골라, 앉는 자리 가운데에 구멍을 내서 세면대로 쓰게끔 개조했다. 이 구멍 아래에 세숫대야처럼 오목한 그릇을 두고, 의자 등받이에는 아이만 쓰는 수건을 걸고, 세숫대야 옆에는 치약과 칫솔을 준비해두었다. 의자가 필요 없을 때는 한쪽으로 치워놓았다가 필요할 때 다시 의자를 놓는 식으로 아이가 세면대를 쓰게 했다. 우리집에서 이 '의자 세면대'는 오랫동안 사랑을 받았다.

조금 시간이 지난 후에는 의자 세면대 대신 디딤대를 놓아 아이와 어른이 함께 세면대를 썼다. 디딤대 덕분에 아이도 쉽게 세면대를 이용할 수 있었다. 아이가 피곤할 때는 디딤대에 앉혀서 양치시키는 의자로 쓰기에도 좋다.

엄마가 느끼는 것을 말해요

마음속에 불만을 쌓아놓고 상상의 나래를 펼치는 대신 자신이 느끼는 감정을 솔직하게 털어놓으면 상대방을 탓하는 생각을 없앨 수 있다. 그러면 우리가 겪은 갈등은 모두에게 무해한 것으로 변한다.

"일이 너무 많아서 지쳐. 그래서 화가 나"라는 말을 함으로써 지금 기분이 어떤 상태인지를 아이에게 말하자. 또 기분이 좋지 않은 이유가 어느 누구의 잘못도 아니라는 점을 전하자. 단지 기분을 말했을 뿐이지만 이를 통해 아이들은 갈등이 생겼을 때 다른 사람을 탓하지 않고도 갈등을 끝낼 수 있는 방법을 배울 수 있게 된다.

물론 집에서 부모가 애써도 아이들은 어린이집이나 유치원, 학교에서 이와 정반대의 표현법을 정말로 빨리 배워온다. 아이들은 자신의 감정을 솔직하게 전하는 말과 남을 탓하는 말의 차이를 분명히 알고 있다. 아이들은 자신의 감정을 어떻게 전할 수 있는지 모든 방법으로 시도해본다. 이런 시도 중에는 욕하는 말도 포함된다. 하지만 아이들도 자신의 입에서 나오는 말이 다른 사람에게 어떻게 들리는지 직접 들어보면 남을 탓하는 말이나 욕하는 말이 잘못된 것인지를 금방 알아차릴 것이다.

다른 사람과 우호적인 관계를 맺고 사람들이 자신을 대할 때 눈높이를 맞춰 대화하는 배려를 받아본 아이들은 무슨 말이 기분 좋게 느껴지는지, 자신이 어떤 대접을 받고 싶은지 빨리 감지한다. 일상에서 만나는 사람들의 의사소통 방식이 난폭할 경우, 아이들은 이런 사실을 더욱 뚜렷하게 인지한다. "엄마, 저 아줌마는 아이를 전혀 쳐다보지도 않고 엄청 큰 소리로 나쁜 말만 해요!" 식으로 말이다. 아이들은 예민하다. 자신이 느낀 감정과 인지하는 것을 여과 없이 표현한다. 아이들 앞에서 남을 탓하는 말 대신 감정을 솔직하게 표현하는 말을 하도록 노력하자.

말을 적게 하고, 더 많이 들어요

'적게 말하고 많이 듣는 것'은 특히 투덜거리고, 헐뜯고, 욱하는 말을 일삼는 사람에게 좋은 대안이라고 생각한다. 뿐만 아니라 문제 상황에 맞닥뜨렸을 때 즉시 화를 터트리는 대신 내면의 소리를 주의 깊게 경청하라는 메시지이기도 하다. 듣는 연습을 꾸준히 하다 보면 "대체 또 무슨 일이야? 또 무슨 일을 저질렀어?"처럼 습관적으로 아이를 탓하거나 비난하는 말을 하지 않아도 된다.

이렇게 아이의 말을 들어주며 다져진 신뢰는 굉장히 중요하고, 이를 대체할 수 있는 것은 아무것도 없다. 아이가 항상 모든 것을 부모에게 말할 수 있는 이유는 성급하게 평가하거나 판단하지 않고 자신이 하는 말을 들어주리란 것을 알기 때문이다. 이 점을 기억해야 한다.

반면 긴장감이 팽팽한 상황에서 아이들이 압박에 시달리다 보면 다툼이 일어나고 울음을 터트리는 분위기가 되기 쉽다. 나도 그런 상황에서 욱하지 않기 위해 무던히도 정신을 가다듬어야 했다. 이런 때는 정말로 말이 적은 것이 오히려 더 많은 이득을 얻을 수 있다. 상황이 조금 진정되면 아이들은 자신이 흥분했던 이유가 무엇인지 자발적으로 이야기를 털어놓는다. "더 놀고 싶은데 집에 가야 된다는 게 너무 슬펐어요"나 "동생이 저보다 사탕을 더 많이 받는 건 공평하지 않다고 생각했어요"처럼 말이다.

사람들은 부정적인 감정에서 벗어나려면 경험한 것을 입 밖으로 내뱉어야 한다는 듯 생각하고 말하기 때문에 대부분 거칠고 직설적인 표현들을 한다. 이때는 경청하는 것만으로도 충분하다. 아이가 대답을 원할 경우, 나는 아이의 말을 주의 깊게 들었으며 그 말을 모두 이해했다는 것을 알려주기 위해 아이가 했던 말을 반복하거나 다른 말로 바꾸어 대답해주는 식으로 말한다.

위협은 소용없어요

나는 예전에 어린이집에서 집으로 가는 고작 15분 동안 아이들에게 굉장히 많은 위협을 해야 한다는 사실이 애석하기만 했다. "지금 당장 안 나오면 엄마 혼자 집에 갈 거야!", "서두르지 않으면 할머니네 집에 놀러 안 간다!"라는 말은 아이들에게 충격적이다.

오후가 되면 부모들은 이미 많은 스트레스를 받은 상태다. 신경은 예민하고, 피곤하고, 배도 고프다. 그런데 그렇게 느끼는 것이 아이 때문인가? 아이와는 전혀 상관이 없는 일이 대부분일 것이다.

무엇이 중요하고 무엇을 해야 하는지 부모가 아이와 제대로 의사소통을 하고 명백히 메시지를 전달하면 아이를 위협하는 말은 필요하지 않다. 놀이터에서 한창 놀고 있는데 집으로 가자고 했을 때 곧장 따라나설 아이는 거의 없다. 어른들의 경우도 별반 다르지 않다.

"15분만 지나면 집으로 가자. 조금 전에도 말했고 약속했잖아. 그때까지 무슨 놀이를 더 하고 싶어?" 하고 구체적으로 앞으로의 일정을 이야기하고 아이의 의사를 물으면 "시소 타는 거랑 그물 기어오르기!"라고 순순히 대답한다. 놀이터에 갈 때마다 우리는 이런 대화를 나눈다. 놀이터를 떠나기 전에 다시 한 번 아이에게 "이제 5분 남았어!"라고 알리면 칭얼거리기는 하지만 곧 놀이를 그만두고 함께 따라 나선다. 시간적 여유가 있는 날이면 "오늘은 저녁 먹을 준비를 간단히 할 거니까 조금 더 놀다가도 돼. 모래밭에서 놀아도 되고 미끄럼틀을 다섯 번이나 더 탈 수 있어!"라고 말할 때도 있다. 이처럼 위협 대신 앞으로 어떤 일을 함께 할 것인지 아이들에게 구체적으로 말해주자. 아이들도 납득할 만한 말은 순순히 따라줄 것이다.

아이들은 반항하기 위해서 그러는 게 아니에요

엄마를 화나게 만드는 아이들의 행동이 사실은 반항이 아니라 자기 자신을 위한 행동이라는 점을 깨달았을 때 비로소 나는 부담스럽던 육아 상황을 극복하는 게 쉬워졌고, 침착하게 대처할 수 있었다. 아이들은 호기심을 풀고 욕구를 충족시키기 위해서 행동한다.

그리고 아이들은 자신에게 가장 소중한 사람인 부모에게 협조하고 싶어 한다. 아이들과 의사소통하는 게 원활해지면 부모는 아이들이 좋아하지 않는 말이나 행동을 함부로 할 수 없고, 아이들의 소원과 욕구에 관심을 보일 수밖에 없다. 쉽게 말해 부모와 아이 사이에 신뢰가 쌓이면 서로 덜 화나게 만들고, 덜 상처 입히는 관계를 이룰 수 있다는 말이다.

나는 두 아이와 함께 수도 없이 신뢰를 쌓는 과정을 반복했다. 어느 날, 업무와 관련된 일정이 있어서 평소보다 일찍 아이들을 어린이집과 유치원에 데려다줘야 했다. 대신 오후에는 시간이 좀 여유로운 편이었다.

어린이집에서 일찍 집으로 돌아온 작은아이는 무언가를 보여주고 싶어 했는데, 큰아이가 집으로 오기 전까지 나에게는 아이가 원하는 것을 받아줄 시간이 있었다. 나는 작은아이의 말에 귀를 기울였다. 내가 '욕구 지향적' 또는 '관계 지향적'과 같은 개념을 받아들이기 전, 이미 우리에겐 서로에 대한 신뢰가 형성되어 있었던 것이다.

친정 엄마는 나와 아이들의 관계가 신뢰를 바탕으로 하고 있다는 사실을 일찍 알아차렸다. 큰아이가 2살 때쯤의 일이다. 아이가 어리고 전혀 말을 할 수 없는 시기였지만 우리가 서로를 어떻게 대하는지, 내가 아이를 얼마나 진지하게 여기는지를 보고 친정 엄마는 그 모습이 매우 좋아 보인다고 말해주었다. 내가 어렸을 때는 엄마에게 전혀 듣지 못했던 칭찬이었기 때문에 굉장히 중요하게 느껴진 순간이었다. 엄마가 직접적으로 나의 육아 방식을 지지하고 긍정적인 육아 태도를 북돋아주는 말을 들은 것이 너무나 기뻤다.

염려와 걱정을 덜어내고, 이제 사랑하는 가족들과
함께 잘 살기 위한 구체적인 목표를 세우자.
그리고 계획을 순서대로 실천에 옮겨보자.

소리지르는 육아 그만두기
7 단계

지금까지 배운 지식을
일상에 적용하기

지금까지 문제나 갈등을 여러 측면에서 다루고, 필요한 의견과 지식을 얻을 수 있는 이론들을 설명했다. 이제 얻은 지식들을 일상에 보다 쉽게 적용할 수 있는 몇 가지 실용적이고 구체적인 제안을 하고자 한다.

> "무언가를 원하는 사람은 방법을 찾는다. 그렇지 않는 사람은 원인을 찾는다."
>
> \- 알베르 카뮈(Albert Camus)

가족의 일상을 위한 '안티-욱' 목록 만들기

지금까지 이 책을 읽으면서 가장 중요하다고 생각한 지식은 무엇이었는지 생각해보자. 이제까지 해온 육아에서 지우고 싶은, 욱하던 상황이나 그때의 감정을 목록으로 만든다. 카드나 메모지를 준비해 중요하다고 생각한 지식이나 자신이 새롭게 세운 신념, 더는 욱하지 않기 위해 그만둬야 하는 '안티-욱' 목록 등을 적는다. 그리고 일상에서 잊지 않고 기억할 수 있도록 항상 볼 수 있는 장소에 카드나 메모지를 붙여둔다.

적절한 균형을 찾기 위한 목록 만들기

무엇이든 '너무 많음'은 '너무 적음'과 마찬가지로 좋지 않다. 우리 가족의 삶에서 너무 많거나 적은 것은 무엇인가? 다음의 표를 보자. 이렇게 표로 목록을 만들면 우리에게 너무 많거나 적은 것이 무엇인지, 둘 사이에 균형을 이루려면 어떻게 해야 할지 한눈에 알아차릴 수 있다.

너무 많음	• 좋은 의도로 하는 다른 사람의 조언 • 완벽주의 • 과도한 보살핌 • 스스로에 대한 비판 • 평가 • 해석 • 주입 • 과도한 책임	어떻게 줄일까?
적절함	• 관심 • 태연함 • 선견지명 • 보살핌 • 가까움/거리감 • 자기 자신에 대한 책임	어떻게 균형을 유지할까?
너무 적음	• 진실성 • 경계 • 스스로를 보살핌 • 성찰 • 용기 • 공감	어떻게 높일까?

• 워크시트

너무 많음		어떻게 줄일까?
적절함		어떻게 균형을 유지할까?
너무 적음		어떻게 높일까?

계획을 구체화하고 실행에 옮긴다

염려와 걱정을 덜어내고 이제 사랑하는 가족들과 잘 살기 위한 구체적인 목표를 세우자. 그리고 순서대로 실천에 옮겨보자. 이렇게 자율적으로 계획을 세우고 진행하면 욱할 이유가 전혀 없다. 모든 것은 당신에게 달렸다. 당신의 삶을 만드는 사람은 당신이다. 목표를 세울 때는 다음과 같은 기준을 참고하면 좋다.

* 구체적이고(Specific)
* 측정 가능하고(Measurable)
* 매력적이고(Attractive)
* 현실적이고(Realistic)
* 끝나는 기간(Terminative)이 정해져 있다.

나는 이것을 스마트 공식(SMART Formal)이라고 부른다. 예를 들어 '2020년 크리스마스까지(끝나는 기간이 정해진) 나는 매주(현실적인) 밤에(측정 가능한) 남편과 함께 부부만의 특별한 시간(매력적인)을 보낸다. 그러기 위해서 우리는 베이비시터를 고용할 횟수를 조금씩 늘린다(구체적인)'라는 식으로 목표를 세운다. 그리고 베이비시터를 구해 오늘부터 계획을 실천하는 것이다.

바꾸고 싶은 것을 구체화하자.

- 가장 먼저 바꾸고 싶은 것은 무엇인가요?

- 어떻게 바꿀 건가요?

- 이때 도움이 되는 것은 누구/무엇일까요?

- 방해가 되는 것은 누구/무엇인가요?

"배우자와의 관계를 갓 태어난 아기를 돌보듯 아주 소중하게 대해라."

- 예스퍼 율

매우 해볼 만한 가치가 있는 계획이다. 돈이 많이 드는 것도 아니다. 단, 계획을 세울 때는 전적으로 서로에게 관심을 쏟을 수 있는 것을 선택한다. 아이나 배우자가 아닌 것으로 관심이 쏠리지 않도록 영화나 파티, 스포츠 등은 계획에 포함시키지 않는다.

욱하는 육아 다이어트 일기

생각이나 체험, 다른 사람에 대한 걱정을 적는 일기가 있다. '욱하는 육아 다이어트 일기'다. 이 일기를 쓸 때 중점을 두어야 할 부분은 다음과 같다.

* 오늘 나에게 잘 이루어진 일은 무엇인가?
* 그것을 어떻게 해냈는가?
* 나를 뿌듯하게 하는 것은 무엇인가?
* 나를 기쁘게 하는 것은 무엇인가?

* 오늘 아이와 배우자에게서 찾은 좋았던 점은 무엇인가?
* 고마웠던 일은 무엇인가?
* 오늘 나를 위해 했던 좋은 일은 무엇인가?

생각날 때마다 볼 수 있도록 직접 고른 일기장의 첫 페이지에 위의 물음들을 적어보자. 일기를 쓸 때의 근본적인 문제는 일기 쓰는 것을 그만두기 때문에 발생한다. 일기를 잊지 않고 계속 써보자. 규칙적으로 일기를 쓰는 시간을 정하는 것도 도움이 된다. 또는 일기 쓰는 것을 잊지 않도록 휴대폰에 알람을 설정하거나 잘 보이는 곳에 메모를 붙여서 상기시키는 방법도 좋다.

그밖에도 '욱하는 육아를 다이어트하는 기간'을 정하는 방법도 추천한다. 이를테면 한 달간 일기를 쓰겠다고 정한 뒤 이 기간 동안 매일 일기를 쓴다. 그러면 한 달 뒤 일기장에서 매우 주목할 만한 변화된 행동들을 찾아낼 수 있을지도 모른다!

칭찬은 어른도 움직이게 한다

별표나 스티커 등 포인트 수집을 좋아하는 사람이라면 큰 종이 달력을 거실에 걸어보자. 그리고 예전 같으면 욱했을 상황에서도 침착하게 평정을 유지했으면 그날 달력에 별표나 스티커를 붙여 포인트를 적립한다.

반대로 하는 것도 재밌다. 예를 들어, 욱할 때마다 저금통에 1,000원씩 넣는다. 그렇게 모은 돈으로 가사 도우미나 베이비시터를 고용한다. 이렇게 하다 보면 집안일로 인한 부담이 가벼워지고 더 이상 욱할 필요가 없어진다. 욱해서 생긴 벌금이 아니어도 좋다. 여유가 있는 범위 내에서 가사 도우미나 베이비시터의 도움을 받으면 스트레스를 덜 받을 것이고, 돈을 사용할 만한 곳에는 사용해도 괜찮다는 점을 확인할 수 있게 된다.

다른 사람의 눈으로 바라보자

때때로 자신만의 관점에서 벗어나 다른 관점으로 바라보는 것도 도움이 된다. 그러면 많은 일들이 더 이상 드라마틱하게 느껴지지 않는다. 아이나 배우자를 동등하게 대하며 존중하고, 제대로 이해하려면 관점을 바꿔보는 일은 필수다. 이를테면 다음과 같은 방법들이 도움이 될 수 있다.

주의나 관심을 옮겨보기

* 현재 상황에서 무엇이 긍정적으로 작용할까?
* 아이에게 지금 중요한 것은 무엇일까?
* 지금과 같은 상황에서 좋은 점은 무엇일까?
* 여기서 중요한 것은 무엇인가?
* 방금 일어난 일에는 어떤 의미가 있을까?

시간 여행하기

현재 얼마나 심하게 분노를 느끼느냐에 따라 1~5등급으로 평가한다.

* 이번 주에 내가 느낀 분노는 몇 등급인가?
* 올해의 분노 등급은 몇 등급인가?
* 먼 훗날 내가 생을 마칠 때쯤의 분노는 몇 등급일까?
* 지금 내가 느끼는 분노는 몇 등급인가?

거리 두기

때로 어떤 문제들은 해결할 수 없는 것처럼 크게 보인다. 이때는 의도적으로 문제로부터 멀어져야 한다.

* 눈을 감고 문제가 있는 상황을 상상해본다.
* 이제 문제가 벌어진 공간에서 2~3m 정도 떨어져서 전체를 바

라보는 상상을 한다. 건물 밖으로 나가서 바라보자. 거리는 점점 멀어진다. 하늘 위로 올라가 비행기에서 바라보는 것처럼 아래에 있는 나와 문제 상황을 내려다보자. 우주까지 올라간다. 이제 지구만 보인다. 지구는 점점 작아진다.

* 지금 겪고 있는 문제가 현재의 삶에서, 지구에서, 우주에서 일어나는 일들과 비교해볼 때 얼마나 크게 느껴지는가?

유머는 긴장을 완화시킨다

다른 사람을 조롱하고 비아냥거리지 않는 유머를 들었을 때 나오는 웃음은 많은 문제를 쉽게 해결한다. 웃음은 우리를 건강하게 만들어준다. 몸과 정신의 긴장을 풀어주고 사람들을 결속시킨다. 웃음은 불완전한 것들을 관대하게 보고 넘길 수 있게 만든다.

"아이와 함께 날마다 세 번 웃어라."

- 요한 하인리히 페스탈로치(Johann Heinrich Pestalozzi)

사람마다 농담이나 유머 코드가 다르듯이 각각의 가정에도 가족 구성원들이 즐기는 특유의 농담이나 유머가 있다. 아이들은 대략 하루에 400회까지 웃는다고 한다. 반면 어른들은 겨우 15회 정도 웃는다고 한다.

유머는 전혀 예기치 못한 상황에서 웃음을 터뜨리게 만든다. 이것이 유머의 핵심이다. 그러므로 용기를 가지고 아무도 예상치 못한 유머를 던져보자. 또는 다소 생소하고 이상하게 여겨지더라도 아이가 하는 유머를 따라 해보자. 목소리 톤을 바꾸고 여러 언어들을 섞어 완전히 알아들을 수 없는 이상한 소리로 말해도 좋다. 스스로에 관한 농담을 해도 웃기다. 가족 모두가 웃을 수 있는 유머라면 무엇이든 좋다. 웃음은 긴장 완화 효과가 크다.

감정 이입을 배운다

감정 이입 능력은 직접 경험하지 않고도 다른 사람이 어떤 상태인지 느낄 수 있는 능력을 의미한다. 우리는 감정 이입 능력을 통해 다른 사람의 현실 속에 들어가는 손님이 되는 셈이다.

감정 이입을 잘 하는 사람은 습관적으로 항상 감정 이입을 한다. 반면에 감정 이입을 잘 못하는 사람은 자신이 원할 때, 자신의 일상을 유지하려는 목적이 있을 때만 공감, 즉 감정 이입을 할 수 있다. 감정 이입을 지금보다 잘하려면 다음과 같이 행동해보자.

* 편견 갖는 것을 경계한다.
* 다른 사람의 행동 뒤에 숨어 있는 의도가 무엇인지 묻는다.
* 자신이 무엇을 느끼는지 알아낸다.
* 다른 사람을 관찰한다.
* 거짓이 아닌 진실된 관심을 보인다.
* 자신의 의견을 말하고 해결책을 제안하는 행동을 멈춘다.
* 주의 깊게 경청한다.
* 역할놀이를 한다.
* 관점을 바꾼다.
* 다양한 인생 계획에 대해 열린 자세를 취한다.
* 다른 사람에 대해 배운다.
* 동정과 공감을 구분한다.
* 행간을 읽고 들으며, 관대함을 연습한다.
* 다른 사람과의 거리를 긴밀히 유지한다.
* 스스로에게 너그럽게 대한다.

"당신과 나, 우리는 하나다. 다른 사람을 고통스럽게 만드는 행동은 스스로에게도 상처를 주는 일이다."

- 마하트마 간디(Mahatma Gandhi)

신중한 태도를 취한다

신중함은 동등하고 존엄한 관계를 위해 필수적으로 갖춰야 하는 기본 태도다. 신중한 태도를 유지하면 모든 일을 할 수 있다. 숨쉬고, 먹고, 말하고, 요리하고, 바라보고, 마시고, 내면의 아이를 만나고, 웃고, 사랑할 수 있다. 사람이나 동물, 자연의 모든 것들과 함께하며 지낼 수도 있다. 신중한 태도를 자신의 것으로 만들려면 다음과 같이 연습해보자.

* 자신의 호흡을 느껴라. 두세 번 크게 심호흡을 한다. 파도가 쳐오듯 숨이 몸 안으로 흘러들어올 때 몸에서 일어나는 모든 과정을 인지하라. 숨이 어디로 흘러가는가? 평소와는 어떤 차이가 있는가? 지금까지 한 번도 숨이 들어가지 못했던 곳이 있는가? 우리가 전혀 알지 못하는 몸 어딘가에 숨이 들어갈 만한 공간이 더 있는가?
* 바닥을 디딘 발의 감촉을 느껴보자. 나와 바닥 사이에 접촉이 일어나는 곳을 인지한다. 접촉하는 곳이 납작한가? 발가락, 발뒤꿈치 등 마디마디에 접촉이 느껴지는가?
* 다른 사람이 느끼는 동요나 불안이 어떻게 나를 물들게 하는지 깨닫자. 예를 들어, 썩은 사과 하나가 그릇에 담겨 있으면

멀쩡한 사과들까지 썩게 된다. 반면 긍정적이고 활기찬 노래는 침체된 분위기로부터 우리를 밖으로 꺼낼 수 있다.

* 우리 속에 내재된 고요의 소리를 들으려면 호기심을 일깨워라. 고요의 소리는 중요한 음질이며, 본질적으로 삶 전체에 기여한다.

주의 깊게 의사소통하기

지금까지 욱하느라, 듣고는 있지만 한 귀로 듣고 흘리느라 당신이 단 한 번도 제대로 된 의사소통을 하지 못했다는 점을 깨달아야 할 때다. 이 점이 앞으로 육아를 하면서 아이와 주의 깊게 의사소통하도록 돕는 열쇠가 될 수 있다. 때로는 말을 하지 않는 것도 의사소통을 하는 좋은 방법이다. 이렇게 침묵하거나 스스로 하고 싶은 말을 잠시 멈추는 것으로도 의사소통이 된다.

말로 다른 사람에게 상처를 주기도 하고 또 치유할 수도 있다. 말은 영향력이 크다. 지금까지 해온 것보다 더 주의를 기울여 말하는 연습을 하자.

* 자신이 하는 말을 깊이 생각한다.
* 가능한 뚜렷하고 분명하게 표현한다.
* 목소리 톤을 주의한다.

* 하고 싶었던 말을 걸러낸다. '이게 정말 하고 싶은 말이야?', '이 말을 꼭 해야 할 필요가 있을까?', '이 말을 한다고 도움이 될까?', '이 표현이 부드럽고 상냥하게 들릴까?' 등을 고민한 뒤 말한다.
* 주변 사람을 평가하는 말을 하지 않는다.
* 자신이 스스로를 표현할 때 어떻게 말하는지 주의한다.

"의사소통을 하다가 벌어지는 싸움은 항상 방어가 아닌 공격으로 시작된다."

- 나오미 알도트

부정적인 감정과 기억 떠나보내기

사랑의 실패, 행복한 가정을 이루지 못한 꿈, 불우했던 어린 시절 등 살다 보면 우리를 낙담시키고 좌절하게 만드는 일이 많다. 이런 일들은 기분을 우울하게 만들고, 영혼을 바닥까지 후벼파고, 스트레스를 유발하고, 결국 별것 아닌 일에도 욱하게 만든다.

이때 이루지 못한 것에 대한 그리움을 떠나보내는 '이별 의식'이 도움이 된다. 떠나보낸 사람에 대한 사랑을 담아 고인과 이별하고,

이제 모든 것이 지나갔다는 것을 인정하는 데 장례 의식이 필요한 것처럼 우리를 낙담시키고 좌절시키는 일상의 일에도 이별 의식의 효과를 이용할 수 있다.

예를 들어 이루지 못한 꿈이나 그리움, 기대 등을 메모지에 적는다. 그런 다음 혼자 조용히 보낼 수 있는 시간에 자신만의 의식을 행한다. 메모지를 태우거나 강물에 던져버리는 식으로 이별 의식을 마무리한다. 이때 고맙고 좋았던 일이나 고통스러웠던 일들을 떠올리면 더욱 좋다.

이런 이별 의식을 하면 불쾌한 감정뿐 아니라 기억 속에 남은 고통을 떠나보내고 미처 생각하지 못했던 좋았던 일을 상기할 수 있다. 그러면 앞으로도 계속해서 사랑을 할 수 있고, 꿈을 꿀 수 있고, 무언가를 믿을 수도 있다. 따라서 미련이 남아 있는 것이 무엇이든 떠나보내는 시간을 가져보자.

만약의 상황을 미리 생각해보기

육아를 하다 보면 갑작스럽게 찾아오는 상황에 어떻게 대처해야 할지 난감한 순간들이 있다. 그런 순간에는 생각과 달리 감정적으로 대처하거나 당황스러움과 스트레스에 욱하기 쉽다. 평소에 '만약에

~ 그렇다면' 식으로 특정 상황을 가정해보고, 어떻게 반응하면 좋을지 생각해보자. 아래의 표에서 구체적인 예를 참고해도 좋다.

만약에	그렇다면
아이가 고자질을 하면	상황을 정확히 설명하게 한다. 그리고 "그래서 너는 지금 무엇을 어떻게 하려고 하는 거야?" 하고 물어본다.
형제자매가 싸우면	가능한 끼어들지 않는다. 단, 아이들에게 "너희들이 필요하면 엄마를 불러. 여기 있을게" 식의 힌트만 준다.
형제자매의 싸움에서 한 아이가 도움을 요청하면	아이들이 하는 말을 각각 들어준다. 어릴수록 아이들은 기다리는 걸 못하니까 나이가 어린 순서대로 아이들의 말을 들어주는 게 좋다.
형제자매의 갈등을 조정해야 한다면	판결을 하지 않도록 주의하자! 아이들이 각자 해결 방법을 제안하도록 용기를 북돋아주며 기다린다. 그런 다음 해결 방법에 모두가 동의를 할 수 있도록 중재한다.
엄마가 말하는데 아이가 전혀 반응하지 않으면	아이와 눈높이를 맞추고 가까이 다가간다. 경우에 따라 아이의 어깨를 살포시 두드리며 말한다.
아이가 화를 내면	아이가 느끼는 감정을 표현하도록 하고, 참고 기다려준다.

아이가 엄마를 때리면	말로 분명히 선을 긋는다. "그만 해! 엄마는 네가 때리는 걸 안 좋아해!" 식으로 단호하게 말한다. 필요한 경우 때리는 행동을 막기 위해 아이의 팔을 단단히 잡거나 그 상황이 벌어지는 장소를 떠난다.
아이가 꾸물대면	아이는 어떤 이유를 들어도 서두를 수 없다. 엄마의 시간 계획을 바꾼다.
아이가 매달리며 의존하고 스스로를 믿지 못해 의구심을 가지며, "나는 그거 못해"라고 말하면	아이에 대한 믿음을 보여주자. 아이가 혼자서도 할 수 있다는 용기를 심어주고, 혼자가 아니라고 말해준다. "네가 필요할 때 엄마는 언제든 옆에 있을게!"라는 신호를 전한다.
아이들이 서로 질투하고 시기한다면	함께 할 수 있으면서 아이들 모두가 만족할 수 있는 일과를 계획한다. 아이들이 각자 엄마와 특별한 시간을 누리도록 하는 것도 도움이 된다.
아이가 거슬리는 행동을 한다면	아이의 행동을 변화시키려 하지 말고 먼저 엄마가 아이에게 무엇을 기존과는 다르게 해줄 수 있는지 곰곰이 생각해본다.
아이가 무언가를 망가뜨렸거나 어떤 일을 잘못했다면	아이가 의도치 않게 실수를 해서 그런 일이 벌어졌다고 생각하자. 아이에게 숨겨진 속내가 있다거나 멍청하다거나 서툴다고 짐작하지 않는다.

아이가 방금 완성한 그림을 보여주면	무조건적으로 칭찬하는 대신 무엇을 그렸는지, 어떤 색을 사용하였는지 등에 관심을 보여준다. 아이가 그림을 보여주는 것은 평가를 해달라는 의미가 아니라 엄마와 대화를 나누고 싶다는 의미다.
아이가 너무 흥분하여 계획이 완전히 틀어지면	계획이 틀어져도 괜찮다. 집에서는 완벽하게 계획을 실행하는 것보다 아이에게 자유를 주는 것이 더 중요하다. 아이에게 다가가 눈을 맞추며 친밀한 접촉을 해주자.
아이가 칭찬을 기대하면서 "엄마, 나 잘했지?"라고 말하면	진심으로 아이의 행동을 인정해준다. 아이의 행동에서 마음에 들었던 부분, 좋았던 부분, 높이 평가하는 부분을 구체적으로 말한다.
아이가 흥분한 목소리로 무언가를 털어놓는다면	주의 깊게 경청하며 가능한 말을 줄인다. 아이에게 들었던 것을 '거울에 비춰보듯 투사'하자. 즉, 아이가 했던 말을 가능한 그대로 반복해서 따라 말해 공감을 표현하고, 아이의 말을 잘 듣고 있음을 전한다. 예를 들어 "강아지가 지금 혼자 있어서 걱정이 된다는 말이지?"라는 식으로 말해준다.

아이가 욱하고, 화내고, 떼쓰며 울면	정확히 무엇 때문에 그러는지 관심을 보인다. 모든 감정 뒤에는 욕구가 숨어 있다. 아이가 어떤 욕구를 채우고 싶은 건지 생각해본 뒤 그에 따라 반응한다.
아이가 잠들지 못하고 칭얼거리면	아이가 접촉하고 싶고, 안아주기를 바라고, 대화하고 싶어서 칭얼거리는 것이다. 또 체험한 것을 엄마와 공유하며 하루를 마무리짓고 싶다는 의미이기도 하다. 아이를 위해 시간을 내고, 무엇보다 침착함을 유지하자. 화가 난 상태에서는 아이를 안아줄 수 없다.
엄마가 원하지 않는 일을 아이가 한다면	'I 메시지 전달법'으로 엄마의 의견을 아이에게 말한다. 예를 들면 "나(I)는 그러고 싶지 않아. 지금 엄마한테는 쉬는 시간이 필요해. 그러니까 잠깐 혼자 놀아" 식으로 말한다.
아이가 "엄마, 이거 봐요!"라고 말하면서 관심을 끌려고 하면	"응, 봤어"처럼 무성의한 대답은 하지 않는다. 아이를 그냥 쳐다봐준다. "굉장해!", "최고네!"와 같은 평가도 하지 않는다.
스스로가 아이에게 일장 연설을 늘어놓고 있다는 것을 새삼 깨달으면	'K.I.S.S'로 행동한다. 'Keep It Short and Simple'의 약자다. 즉, 이미 충분히 복잡하게 말을 했으니까 짧고 간단하게 말하는 것이다.

아이에게 엄마의 도움이 필요하면	서로 건강한 관계를 유지하기 위해서 협조는 매우 중요하다. 관계가 건강하면 아이는 자신이 위급할 때 언제든 도움을 받을 수 있다고 믿는다. 따라서 아이에게 도움이 필요한 것처럼 보이면 적극적으로 협조해준다.
아이와 반복적인 문제·갈등 상황을 빚는다면	부모가 책임을 져야 한다. 감정이 사그라들고 평온해진 시간에 아이와 대화를 나눈다. 아이와 합의 하에 갈등을 빚는 행동이나 말 등의 조건을 바꾼다.
부모가 아이에게 굉장히 많이 주었으니까 이제는 부모도 아이에게서 무언가 받아야 한다는 생각이 들면	이런 생각은 거래나 다름없다. 그리고 순전히 부모의 기대다. 당신은 엄마나 아빠지, 물건을 파는 사람이 아니라는 점을 명심하자.

엄마의 생각

배운 것을 일상에 적용해요

린다와 진행했던 육아 코칭과 워크숍이 끝난 후 그동안 배웠던 것들을 일상에 적용하고 싶었다. 나는 모든 것을 바꾸고 싶어 안달이 났다. 물론 제대로 되지 않았고 좌절했다.

한꺼번에 문제가 되던 기존의 육아법을 모두 바꾸려 서두른다고 되는 일이 아니라는 사실을 깨닫기까지 몇 주의 시간이 걸렸다. 다시 린다와 몇 차례 대화를 나누고 나서야 나는 바꾸고 싶은 것들의 우선순위를 정했다. 그러자 일이 점점 쉬워졌다.

가장 먼저 바꾸고 싶은 것은 무엇인가요?

나는 이 물음에 대해 곰곰이 생각해봤다. 새로운 삶을 향한 의식적인 첫걸음이 무엇일까 고민했다. 내 부모님이 나와 형제자매에게 했던 것과는 '다르게' 하고 싶었다. 부모답게 구체적이고 뚜렷한 의식을 가지고 아이와의 새로운 일상을 만들어가고 싶다는 점은 분명했다. 나는 아이들이 자신의 어린 시절을 기억할 만한 것으로 여기고, 자신만의 인생을 만들 수 있는 가치들을 풍부하게 느끼기를 원했다.

그러다 문득 '신뢰성'이라는 단어가 떠올랐다. 이때부터 신뢰성은 내가 가장 중요한 가치라고 여기는 단어가 되었다. 나는 스스로에게, 나와 함께 사는 가족들에게, 내 아이들에게 신뢰받는 존재이고 싶다. 나에게 신뢰성, 즉 신뢰할 수 있다는 말은 상대방을 이해할 수 있고, 솔직하고, 숨기지 않고, 자신의 일에 책임을 진다는 것을 의미한다.

작은아이가 태어나면서 가족의 주요 관심사가 다시 한 번 바뀌었고, 이와 더불어 우리 가족의 삶에도 점점 긴장되고 새로운 도전 과제들이 나타났다. 살다 보면 매번 이렇게 새로운 도전 과제들이 생기기 때문에 '지금 나는 스스로를 위해 제대로 가고 있는지'를 항상 자문하고 삶의 방향을 점검하는 태도가 중요하다.

우리는 본질적인 가치들을 토대로 사람들과 신뢰를 쌓고 그들을 믿으며 함께 살아간다. 삶은 불변하는 것이 아니라 끊임없이 변화를 거듭한다. 어쩌면 다음 골목 뒤에 놀라운 일이 숨어서 우리를 기다릴지도 모른다. 자신만의 가치로 삶을 대하는 사람들은 갑작스런 도전 과제나 문제에 부딪혀도 보다 쉽게 대처할 수 있다.

우리는 사람들과 신뢰를 쌓고, 신뢰를 얻고, 서로 신뢰하기를 바라지만 이는 절대로 단순하지 않다. 나는 '내가 원하는 대로 살고 있는가?', '지금 나에게 특히 필요한 것은 무엇인가?', '주어진 상황에서 더 많은 것을 달성할 수 있도록 나를 도와줄 사람이 누구일까?' 하는 질문들을 규칙적으로 스스로에게 물어보고는 한다. 이런 질문을 하는 이유는 '나'라는 사람의 중심에 조금 더 가까이 다가가기 위함이고, 장애물을 극복하고 위기에서 더 강해지도록 스스로를 돕기 위해서다.

달력이나 일기에 오늘 있었던 일이나 느낀 감정들을 쓰면 지금 무엇이 중요한지 알아내는 직감을 발달시킬 수 있다. 또 나중에 일기를 들여다보며 그동안 일상에서 어떤 일들이 있었는지 돌이켜보며 새로운 사실을 발견할 수도 있다.

나는 '욱하는 육아를 다이어트하는 일기'를 써왔고, 지금도 여전히 쓴다. 감정에 관한 내용을 많이 쓰고 있다. 매일은 아니지만 마음속에서 털어내야 할 무언가가 있다고 느낄 때 일기를 쓴다. 삶을 윤택하게 하고 성장하게 만드는 상황이 있으면 이런 경험과 깨달음을 블로그에 올려서 다른 사람들과 공유하는 중이다. 달력이나 일기 외에 블로그에 글을 쓰는 것도 나름 유익하다.

이외에도 유리잔의 절반이 비어 있는 상태, 즉 완벽하지 않은 것을 그냥 두고 보지 못할 지경이고 견디기 힘들어 숨이 막힐 것 같으면 나는 대화할 사람을 찾는다. 이때 내 마음을 편안하게 하고 나를 쉬운 길로 인도할 수 있던 사람은 린다였다. 남편이나 오랜 친구들과의 대화도 암울하고 흐릿하기만 했던 상황을 조금은 나아지게 했다.

웃어요, 그리고 놀이를 해요

때때로 어른들은 웃고 노는 것을 거의 잊어버린 것 같다는 생각이 든다. 매우 유감스러운 일이다. 뇌과학자 게랄트 휘터 박사는 '삶에 대한 인간의 유희적 태도'를 언급했다. 그에 따르면 인간에게는 진짜로 놀기 좋아하는 유희적 삶을 바라는 태도가 내재되어 있으며, 각각의 개인은 이런 특성을 단련시킨다고 한다. 또한 유희적 태도 덕분에 서로 상대방을 도구화하지 않으면서 자유로운 공동생활을 가능하게 한다는 것이다.

놀이를 시작했다고 하자. 놀이를 시작하자마자 재밌고, 목소리가 커지고, 웃고, 농담을 한다. 이렇게 놀이를 하다 보면 현재의 삶의 무게를 잠시 잊고 감당하고 있는 책임으로부터 자유로워진다.

우리 아이들은 내게 유머를 던지는 것을 좋아한다. 아이들은 유머를 던지면서 내가 유머의 핵심 메시지를 알아차리면 즐거워한다. 웃음은 참 솔직한 것이고 상대방을 쉽게 전염시킨다. 유머가 재밌든 재미가 덜하든 상관없다. 이런 상황에서는 기분이 어떻든 함께 웃을 수밖에 없다. 아이들처럼 항상 다른 사람을 웃게 만들려는 태도, 상대방을 즐겁게 만들려는 노력을 멈추지 말자.

하루하루를 '의미 있는 날'로 만들어요

최근 나는 스스로를 위해 새롭게 배워야 하는 것으로 '의미 부여하기'를 꼽는다. 나는 급하게 돌아가고 모든 것을 신속하게 처리해야 하며, 즉각적으로 성과를 거둬야 하는 직장 생활을 했다.

그런데 큰아이가 태어나면서 나의 세계가 작아졌다. 직장 생활의 세계에서 아기와의 삶, 가족의 세계로 움직인 뒤 내가 성과를 거둘 수 있는 일이 엄청나게 줄었다. 처음에는 익숙하지 않았다. 몇 개월 동안이나 회사에서의 약속과 일정, 만나는 사람들, 해야 되는 업무에 대한 욕구에 시달렸다.

다람쥐가 쳇바퀴를 돌리는 듯한 기존의 익숙한 삶에 불만을 터뜨렸으면서 성과가 즉각적으로 나타나지 않는 삶을 살자 아무것도 해낼 수 없는 사람이 된 것 같은 느낌이 들었다. 그래서 끊임없이 무언가를 하고 싶다는 내면의 욕구가 뿜어져 나와 마침내 육아와 일상에 관한 생각을 공유하는 블로그를 시작했다.

시간이 흘러 지금은 엄마로서 나는 어떤 속도로 삶을 사는지, 실제로 나의 내면에서는 어떤 소리가 나는지를 들어다보려고 했다. 그리고 여전히 스스로를 위해 내면의 목소리를 블로그에 활자로 표현하는 중이다.

의미 있는 날을 산다는 것은 눈을 뜨고 일어나는 순간부터 시작된다. 나는 하루 종일 의미 있게 살지는 못한다. 그러나 어떤 날이든 모두 의미 있는 날이 될 기회는 있다. 모든 일과를 마치고 조용해진 저녁이면 내면의 목소리를 보다 분명하게 들을 수 있다. 그리고 짧지만 나만을 위한 시간을 갖는다. 잠자는 아이들의 숨소리를 귀담아듣는다. 창문을 열고, 숨을 깊이 들이마시고 내쉰다. 이런 과정을 몇 번 반복한다. 오늘 하루를 의미 있게 보내지 못했으면 내일 잘 지내면 된다. 하루를 잘 보냈다는 느낌이 들면 그 날은 의미 있는 날이라고 생각한다. 거창하거나 대단하지 않다.

단순한 잡담 수준이 아니라 아이들과 의미 있고 신뢰감이 드는 대화를 나누다 보면 나는 아이들에게서 많은 에너지를 얻는다. 놀랍게도 아이들은 다채롭고, 솔직하고, 환상으로 가득한 자신의 세계에 대해 할 이야기가 굉장히 많다. 아이들의 이야기를 잠자코 들어보자. 아이들의 세계에 초대받는 부모로 산다는 것 또한 큰 의미가 있으니 말이다.

참고 문헌

- Aldort, Naomi: Von der Erziehung zur Einfühlung. Wie Eltern und Kinder gemeinsam wachsen können. Freiburg: Arbor, 2008
- Brezina, Thomas: Blödsinn gibt's nicht: Wie wir Kinder fürs Leben begeistern. Wien: edition a, 2019
- Davies, Simone: The Montessori Toddler. A Parent's Guide to Raising a Curious and Responsible Human Being. New York: Workman, 2019
- Faber, Adele und Mazlish, Elaine: So sag ich's meinem Kind. Wie Kinder Regeln fürs Leben lernen. München: Oberstebrink, 2009
- Graf, Danielle und Seide, Katja: Das gewünschteste Wunschkind aller Zeiten treibt mich in den Wahnsinn. Der entspannte Weg durch Trotzphasen. Weinheim und Basel: Beltz, 2016
- Graf, Danielle und Seide, Katja: Das gewünschteste Wunschkind aller Zeiten treibt mich in den Wahnsinn. Gelassen durch die Jahre 5 bis 10. Weinheim und Basel: Beltz, 2018
- Hüther, Gerald und Quarch, Christoph: Rettet das Spiel! Weil Leben mehr als Funktionieren ist. München: btb, 2018
- Juul, Jesper: Grenzen, Nähe, Respekt. Hamburg: Rowohlt, 2009
- Juul, Jesper: Leitwölfe sein: Liebevolle Führung in der Familie. Weinheim und Basel: Beltz, 2018

· Juul, Jesper: Nein aus Liebe. Klare Eltern - starke Kinder. Weinheim und Basel: Beltz, 2018

· Kohn, Alfie: Liebe und Eigenständigkeit: Die Kunst bedingungsloser Elternschaft, jenseits von Belohnung und Bestrafung. Freiburg: Arbor, 2010

· Siegel, Daniel J.: Achtsame Kommunikation mit Kindern: Zwölf revolutionäre Strategien aus der Hirnforschung für die gesunde Entwicklung Ihres Kindes. Freiburg: Arbor, 2013

· Siegel, Daniel J.: Gemeinsam Leben, gemeinsam Wachsen. Wie wir uns selbst besser verstehen und unsere Kinder einfühlsam ins Leben begleiten können. Freiburg: Arbor, 2009

· Sigsgaard, Erik: Schimpfen – es geht auch anders. Dörfles: Renate Götz Verlag, 2012

· Stern, André: Begeisterung. Die Energie der Kindheit wiederfinden. München: Elisabeth Sandmann Verlag, 2019

옮긴이 **김현희**

전북대학교 사범대 독어교육과를 졸업했으며 같은 대학 교육대학원에서 석사 학위를 받았다. 독일 빌레펠트 대학에서 석사 학위를 받았으며 같은 대학에서 박사 과정을 수료했다. 현재 번역에이전시 엔터스코리아에서 출판 기획 및 전문 번역가로 활동하고 있다.

옮긴 책으로는 『내가 어제 우주에 다녀왔는데 말이야』, 『우리가 함께 한 여름』, 『단서를 찾아라』, 『오리고, 접고, 만들고, 색칠하고』, 『누가 가장 힘셀까?』, 『산책하는 물고기』, 『주소를 쓰세요』, 『사장이 들키고 싶어 하지 않는 거짓말 51』 등이 있다.

소리지르지 않는 엄마의

우아한 육아

초판 1쇄 인쇄 2020년 5월 7일
초판 1쇄 발행 2020년 5월 14일

지은이 린다 실라바, 다니엘라 가이그
옮긴이 김현희
발행인 손은진
개발책임 장명익
개발 김민정 김희현
저작권 미하이
제작 이성재 장병미
디자인 타입타이포
발행처 메가스터디(주)
출판등록 제2015-000159호
주소 서울시 서초구 효령로 304 국제전자센터 24층
전화 1661-5431 팩스 02-6984-6999
홈페이지 http://www.megastudybooks.com
이메일 megastudy_official@naver.com

ISBN 979-11-297-0618-8 03590

메가스터디BOOKS
'메가스터디북스'는 메가스터디㈜의 출판 전문 브랜드입니다.
유아/초등 학습서, 중고등 수능/내신 참고서는 물론, 지식, 교양, 인문 분야에서 다양한 도서를 출간하고 있습니다.